教育部　财政部职业院校教师素质提高计划职教师资培养资源开发项目
《视觉传达设计》专业职教师资培养资源开发（VTNE087）

专业类课程教材

书籍设计实践教程

王海波　主编
解佳凡　副主编

人民美術出版社
北京

图书在版编目（CIP）数据

书籍设计实践教程 / 王海波主编. -- 北京：
人民美术出版社, 2017.11
ISBN 978-7-102-07825-0

Ⅰ.①书… Ⅱ.①王… Ⅲ.①书籍装帧—设计—教材
Ⅳ.①TS881

中国版本图书馆CIP数据核字（2017）第256089号

书籍设计实践教程 SHŪJÍ SHÈJÌ SHÍJIÀN JIÀOCHÉNG

编辑出版 人民美術出版社
（北京北总布胡同32号 邮编：100735）
http://www.renmei.com.cn
发行部：（010）67517601 （010）67517602
邮购部：（010）67517797

责任编辑 陈 林
封面设计 徐 洁
责任校对 冉 博
责任印制 刘 毅
制 版 朝花制版中心
印 刷 北京文昌阁彩色印刷有限责任公司
经 销 全国新华书店

版 次：2017年12月 第1版 第1次印刷
开 本：787mm × 1092mm 1/16
印 张：8
印 数：0001—4000册
ISBN 978-7-102-07825-0
定 价：58.00元

总序

《国家中长期教育改革和发展规划纲要（2010 - 2020年）》颁布实施以来，我国职业教育进入到加快构建现代职业教育体系、全面提高技能型人才培养质量的新阶段。加快发展现代职业教育，实现职业教育改革发展新跨越，对职业学校“双师型”教师队伍建设提出了更高的要求。为此，教育部明确提出，要以推动教师专业化为引领，以加强“双师型”教师队伍建设为重点，以创新制度和机制为动力，以完善培养培训体系为保障，以实施素质提高计划为抓手，统筹规划，突出重点，改革创新，狠抓落实，切实提升职业院校教师队伍整体素质和建设水平，加快建成一支师德高尚、素质优良、技艺精湛、结构合理、专兼结合的高素质专业化的“双师型”教师队伍，为建设具有中国特色、世界水平的现代职业教育体系提供强有力的师资保障。

目前，我国共有60余所高校正在开展职教师资培养，但由于教师培养标准的缺失和培养课程资源的匮乏，制约了“双师型”教师培养质量的提高。为完善教师培养标准和课程体系，教育部、财政部在“职业院校教师素质提高计划”框架内专门设置了职教师资培养资源开发项目，中央财政划拨1.5亿元，系统开发用于本科专业职教师资培养标准、培养方案、核心课程和特色教材等系列资源。其中，包括88个专业项目，12个资格考试制度开发等公共项目。该项目由42家开设职业技术师范专业的高等学校牵头，组织近千家科研院所、职业学校、行业企业共同研发，一大批专家学者、优秀校长、一线教师、企业工程技术人员参与其中。

经过三年的努力，培养资源开发项目取得了丰硕成果。一是开发了中等职业学校88个专业（类）职教师资本科培养资源项目，内容包括专业教师标准、专业教师培养标准、评价方案，以及一系列专业课程大纲、主干课程教材及数字化资源；二是取得了6项公共基础研究成果，内容包括职教师资培养模式、国际职教师资培养、教育理论课程、质量保障体系、教学资源中心建设和学习平台开发等；三是完成了18个专业大类职教师资资格标准及认证考试标准开发。上述成果，共计800多本正式出版物。总体来说，培养资源开发项目实现了高效益：形成了一大批资源，填补了相关标准和资源的空白；凝聚了一支研发队伍，强化了教师培养的“校—企—校”协同；引领了一批高校的教学改革，带动了“双师型”教师的专业化培养。职教师资培养资源开发项目是支撑专业化培养的一项系统化、基础性工程，是加强职教教师培养培训一体化建设的关键环节，也是对职教师资培养培训基地教师专业化培养实践、教师教育研究能力的系统检阅。

自2013年项目立项开题以来，各项目承担单位、项目负责人及全体开发人员做了大量深入细致的工作，结合职教教师培养实践，研发出很多填补空白、体现科学性和前瞻性的成果，有力推进了“双师型”教师专门化培养向更深层次发展。同时，专家指导委员会的各位专家以及项目管理办公室的各位同志，克服了许多困难，按照两部对项目开发工作的总体要求，为实施项目管理、研发、检查等投入了大量时间和心血，也为各个项目提供了专业的咨询和指导，有力地保障了项目实施和成果质量。在此，我们一并表示衷心的感谢。

编写委员会

2016年3月

目录

本书导读

本书以五个单元，讲述了对书籍的了解和认识，把文字、插图、色彩等在版式中的应用分别以图例加以举例，同时，对版式设计中的书眉、扉页、版心以及印刷工艺等流程作了基本的阐述，并通过对作品的赏析和实践，让你独立掌握书籍设计的基本规则。

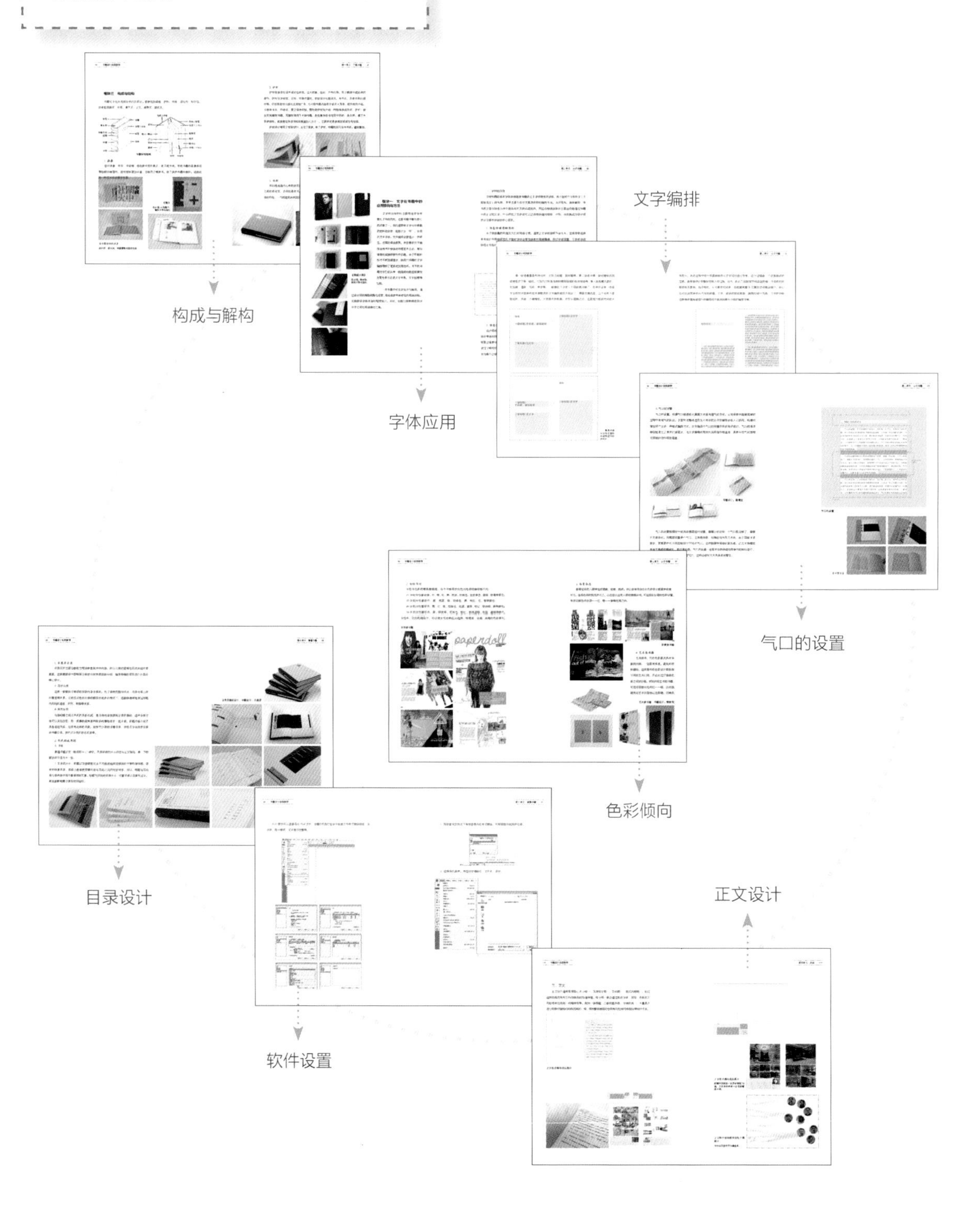

第一单元

了解书籍

模块一　概念

书籍——人类文明的象征，是人类智慧、意志和理想的最佳体现。它也是人类表达思想、传播知识、积累文化的物质载体。

关于书籍的概念目前有很多种不同提法。总体来讲主要分广义和狭义两种观点：从狭义的角度来看，既从书籍的内容方面出发的有："百氏六家，总曰书也"(《尚书·序疏》)。从书籍形式上出发则认为："著于竹帛谓之书"（《说文解字·序》）。针对书籍的页数与出版要求，联合国教科文组织所做的定义是指由出版社（商）出版的不包括封面和封底在内 49 页以上的印刷品，具有特定的书名和著者名。编有国际标准书号，有定价并取得版权保护的出版物称为书籍。而书籍的形态经过了长达数千年演变，书籍所传达的信息量范围逐渐扩大，书籍的载体与媒介也发生了多种演变。当下的学者针对书籍的现状与未来的发展趋势给出了更为广义的概念。目前比较主流的提法是，通过一定的方法与手段将知识内容以一定的形式和符号（文字、图画、电子文件等），按照一定的体例，系统地记录于一定形态的媒介之上，用于表达思想、积累经验、保存知识与传播知识的工具。由于篇幅有限在本书中介绍的书籍设计方法的"书籍"主要指狭义的书籍，更接近于联合国教科文组织对书籍的界定。

书籍设计是一项整体的视觉传达过程，书籍设计师通过色彩、图形、版式编排、及空间架构、印刷工艺、装订方式等多种方法、手段来帮助读者进行信息的获取也帮助作者反映本书的思想。

书籍设计的发展历程与书籍的发展历史是几乎是同步推进的。不同历史时期的书籍媒介、装订工艺等发展水平不同，影响到书籍的装帧工艺与设计方式也有所不同。

书籍设计与书籍的出现和发展始终同步而行。书籍设计的形态也因为各个历史节点出现的书籍材料与装帧工艺而丰富多彩。装帧艺术发展的大体脉络经历了一个"原始——古代——现代"的演变过程。从甲骨刻字（约公元前 17 世纪至公元前 11 世纪），到造纸术的出现（东汉，公元 105 年）大约公元 3000 多年的时间被称为书籍设计发展的原始时期。在此时期"书籍"的材料多直接取于自然。在我国的"书籍"载体有石头、甲壳、兽骨、金属、陶瓷、砖瓦等。在国外"书籍"载体有莎草纸书、蜡版、泥版、羊皮纸等。莎草纸为载体出土较早的有公元前 3000 年至公元前 2500 年的古埃及的典籍。公元前 2 世纪，小亚细亚帕加马城开始制作的羊皮纸，后传入欧洲，得到大量推广，成为华丽的羊皮纸书。在中国出现了简策、帛书等装帧形态。

从人类发明了纸张、印刷术以后，书籍设计发展的古代时期是以欧洲为中心的书籍装帧形式，其中有哥特式宗教手抄本书籍、古登堡的平装本、袖珍本以及王室特装书籍，接近现代的精装本形式则是在16世纪的欧洲出现的。19世纪末，工业革命之后，西方出现了以莫里斯、格罗佩斯为代表的最初现代设计端倪的书籍装帧设计。我国古代时期书籍形态，经历了卷轴装、旋风装、经折装、蝴蝶装、包背装、线装。直到“五四”新文化运动以后，才有了现代装帧艺术形式的书籍。

我国古代书籍装帧形式有以下几大类：

1. 简策

简策是我国比较早期的书籍形态之一，商代开始出现，秦汉时期比较盛行。书籍的材质主要为竹片和木片称之为简，用绳子做结串连，形成策（也可通“册”）。古人在竹木上进行书写，以篇为单位，编成策后以尾简为轴心，朝前卷起，装入套子中，以便收藏。

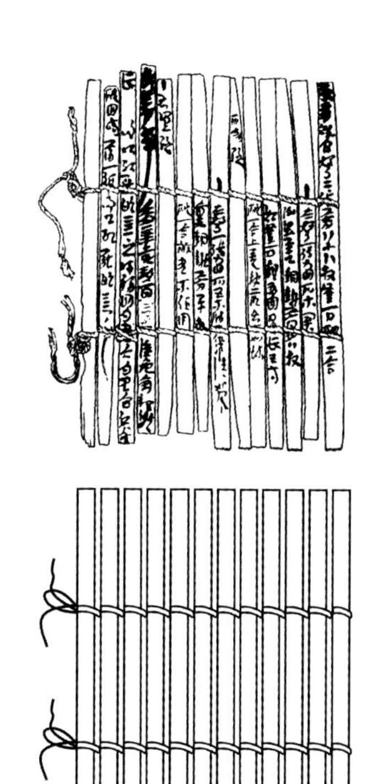

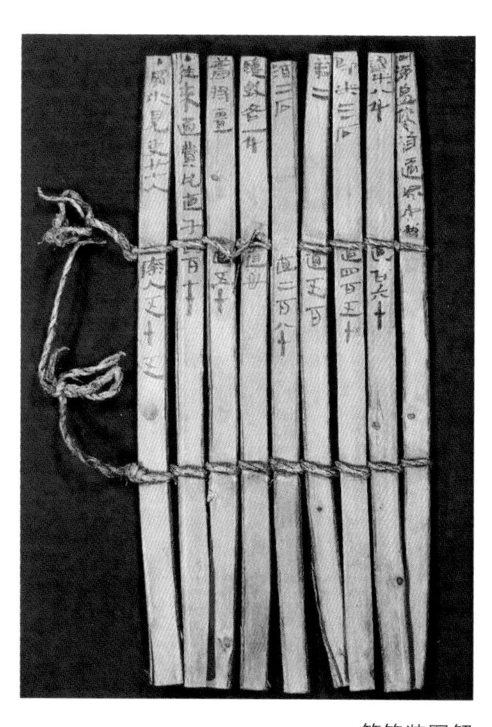

简策装图解

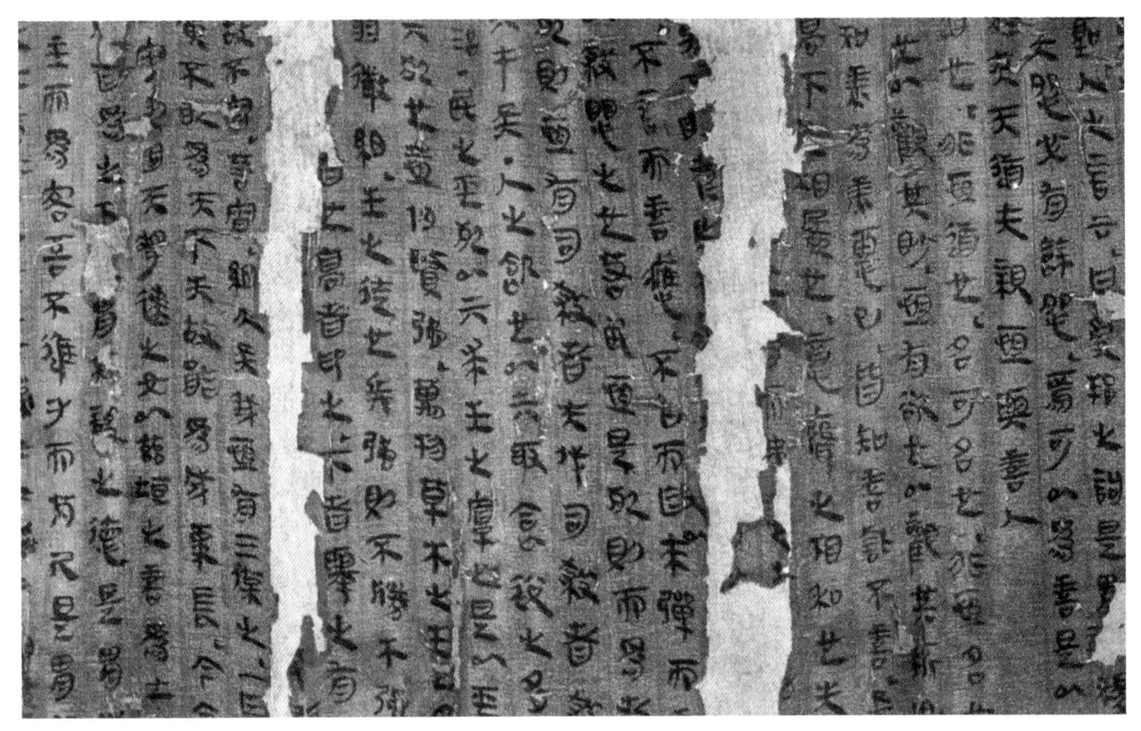

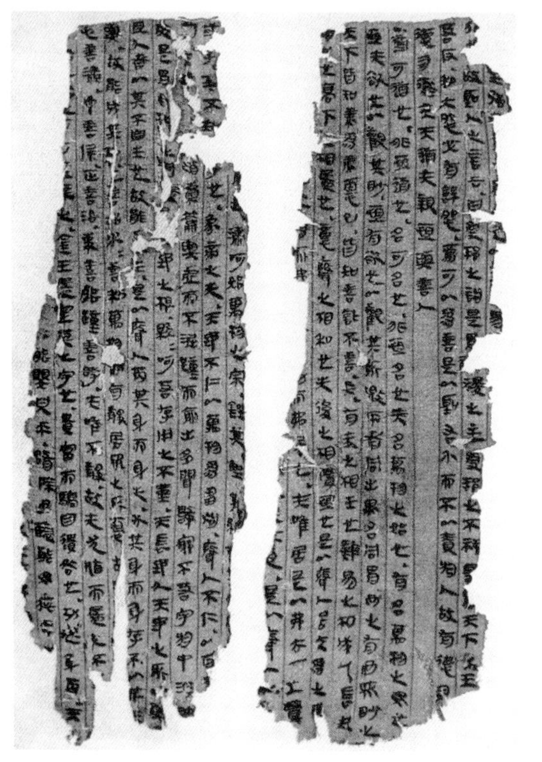

《马王堆帛书》

2. 帛书

帛书采用丝织品为主要材质。产生并流行于西汉。丝织品质地较轻、方便折叠、书写方便，尺寸可以根据文字的多少进行裁切。装订通过卷的方式，所以统称为”一卷”。

3. 卷轴装

大约在西汉末东汉初年，晋朝时，纸书大量涌现，继而出现了运用纸张为载体通过帛书的卷的方式的另一种书籍形态。被称之为卷轴式也叫卷轴装。卷轴装主要是把若干张纸粘成长卷，用棒作轴，粘于最后一幅纸上，并以此成为中心卷成一束。现在中国画的装裱也用这种卷轴形式来保存作品。

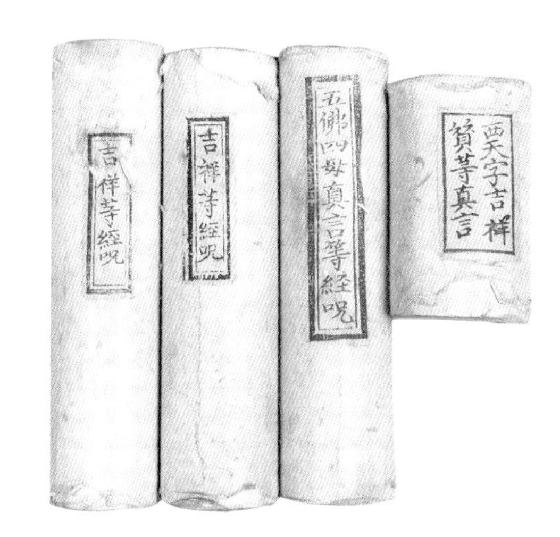

红印佛经

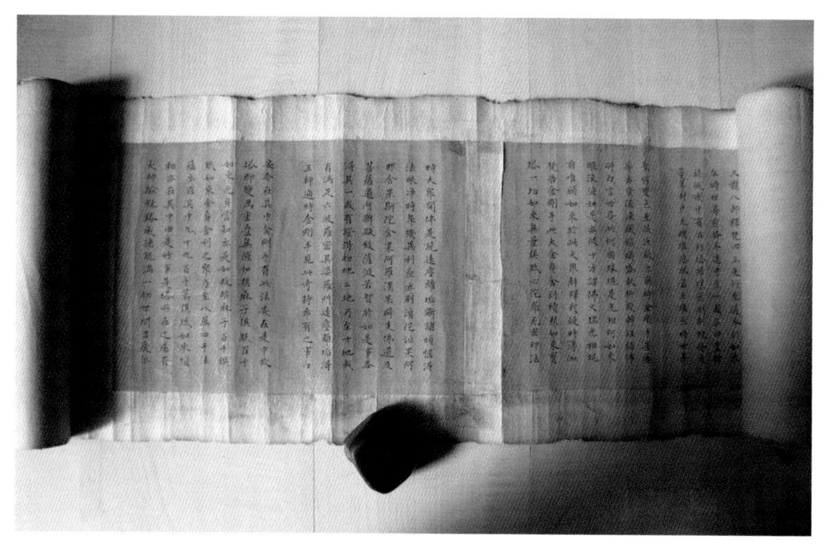

清　包栋手书《一切如来心秘密全身舍利宝箧印陀罗尼经》

4. 旋风装

旋风装是卷轴装到册叶装的过渡形式，亦称“旋风叶”“龙鳞装”。装帧形式是以一幅比书页略宽略厚的长条纸作底，把书页向左鳞次相错地粘在底纸上，收藏时从首向尾卷起。它保留了卷轴装的外形，又解决了翻检时的不方便。

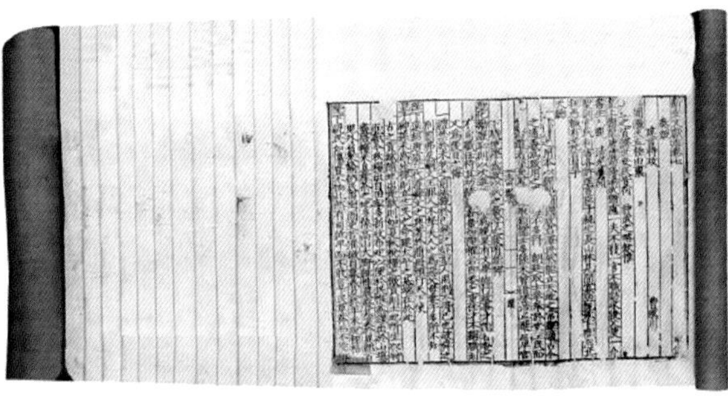

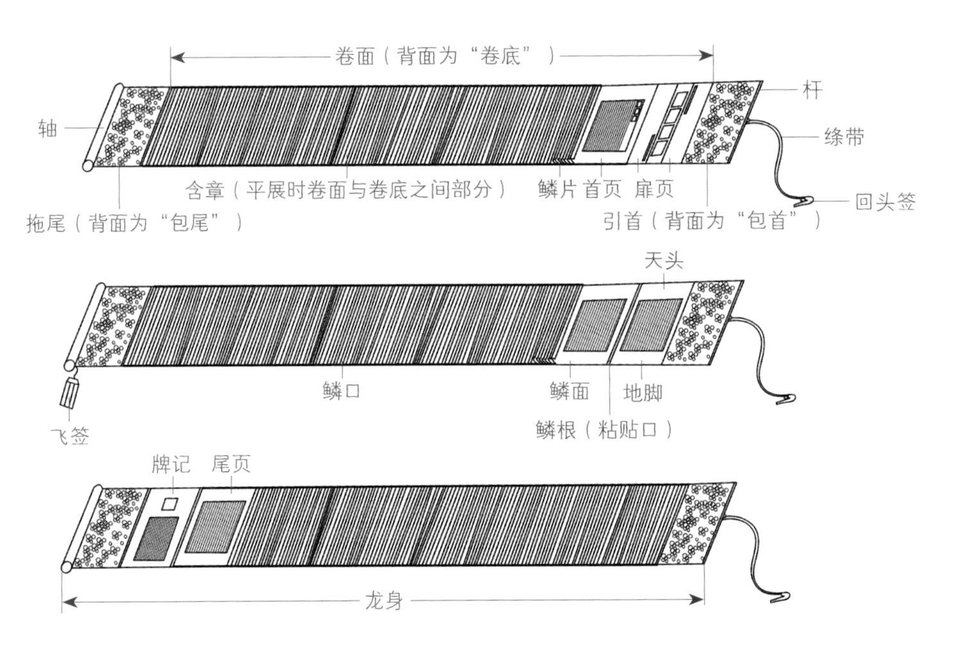

5. 经折装

经折装主要出现与9世纪中后期的唐代晚期。又称折子装。出现在9世纪中叶以后的唐代晚期。在隋唐时期佛教盛行，为了佛经的装帧形式便于翻阅，产生了依一定的行数左右连续折叠，最后形成长方形的一叠，前、后粘裱厚纸板，作为护封的装帧形态。由于是改造佛经卷子装而成为互相连属的折子装，故名经折装。经折装克服了卷轴装的卷舒不便的问题，也被认为是册页装的雏形。

经折装图解

民国三年——大字精刻本《慈悲药师佛宝忏卷》

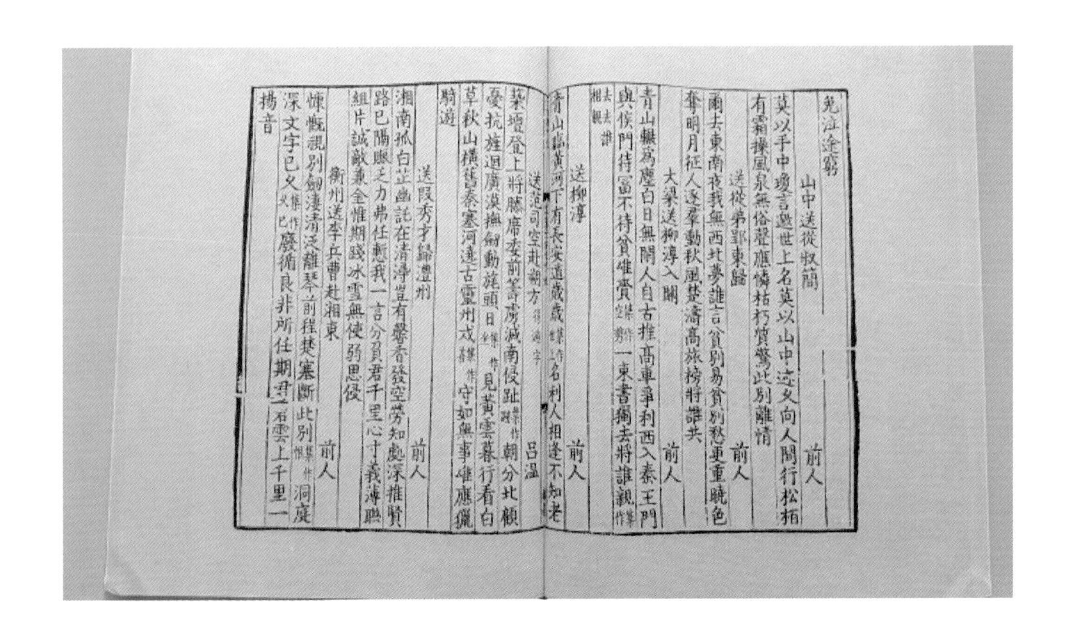
羌江途窮
山中送從叔簡　前人
莫以手中瓊言遯世上名莫以山中迹爻向人間行松栢
有霜操風泉無俗聲應憐枯朽質驚此別離情
送從弟鄖東歸　前人
爾去東南夜我無西北夢誰言貧別易貧別愁更重曉色
奪明月征人逐羣動秋風楚濤高旅榜將誰共
大梁送柳淳入關　前人
青山輾為塵白日無閑人自古推高車爭利西入秦王門
與侯門待富不待貧唯賓一束書獨去將誰親
送柳淳　前人
青山臨黃河下有長安道歲歲名利人相逢不知老
送范司空赴朔方　呂溫
築壇登上將臆席委前箸蕩滅南侵趾朝分北顧
憂抗旌迴廣漠撫劍動旄頭日見黃雲暮行看白
草秋山橫舊塞河遶古靈州戍守如無事唯應獵
騎遊
送段秀才歸澧州　前人
湘南孤白芷幽託在清淳豈有馨香發空勞知處深推賢
路已隔興乏力弗任慙我一言分負君千里心寸義薄職
組片誠畝兼金惟期踐冰雪無使弱思侵
衡州送李兵曹赴湘東　前人
悽慨視別劍淒清泛離琴前程楚塞斷此別洞庭
深文字已爻廢循良非所任期君雲上千里一
揚音

6. 蝴蝶装

唐、五代时期雕版印刷术开始盛行，由于书籍复制的效率提高，以往的书籍装帧形式已经满足不了快速发展的印刷业，因此出现了蝴蝶装。蝴蝶装大约出现在唐代后期，盛行于宋朝，此种装帧形式是把印好的书页，以版心中缝线为轴心，字对字地折叠。以版口一方为准，逐叶粘贴，打开书本，版口居中，书页朝左、右边展开。因蝴蝶装的书页是单页，翻阅时，易产生无字的背面向人，有字的正面朝里的现象，阅读不方便是蝴蝶装的缺点。

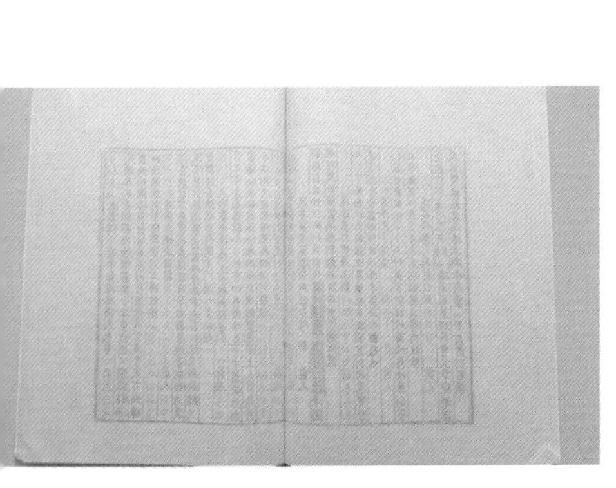

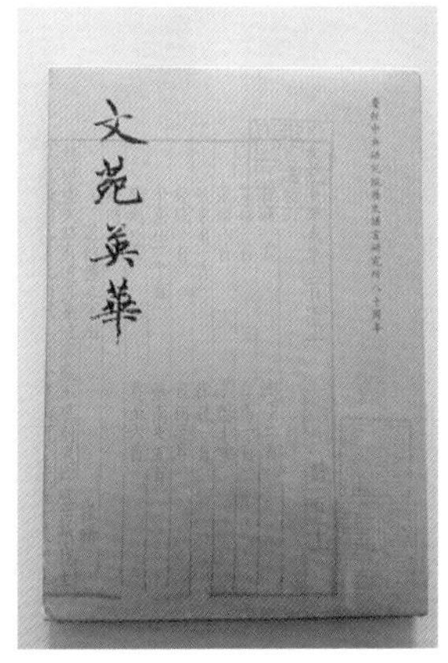

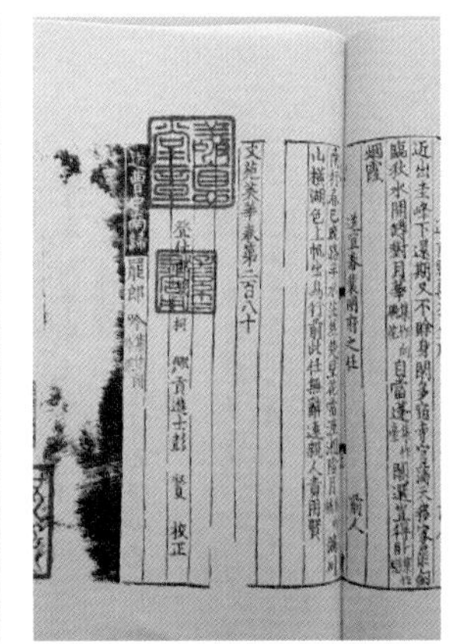

《文苑英华》影宋本

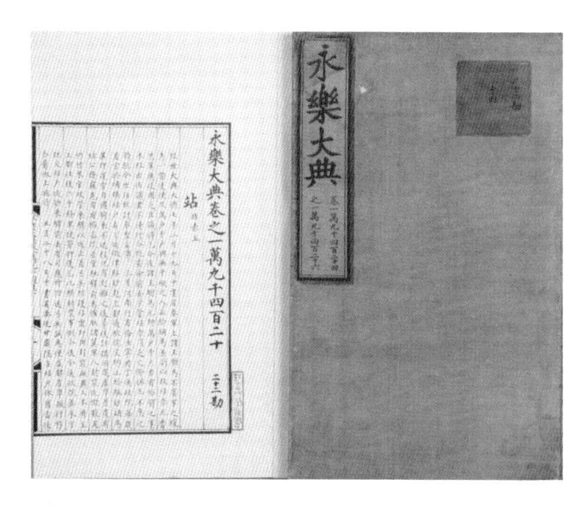

《永乐大典》

7. 包背装

包背装多被认为起源于元代，盛行于明朝中期。由于蝴蝶装存在翻动过多掉页的情况继而出现了在蝴蝶装的基础上进行了内页与封面的加固的包背装。装帧的形式是将书页正折，版心向外，书页左右两边朝向书脊订口处，集数页为叠，排好顺序，以版口处为基准用纸捻穿订固定，天头、地脚、订口处裁齐，形成书背。外粘裱一张比书页略宽略硬的纸作为封面、封底。此装帧形式源自包裹书背，所以称其为包背装。明、清多用此形式，如明代《永乐大典》、清代《四库全书》等。

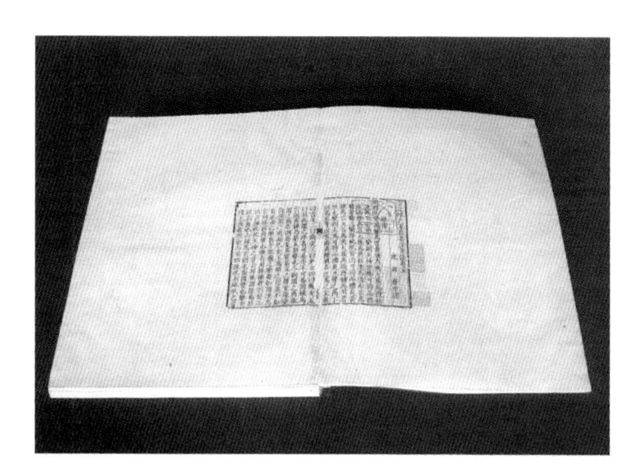

元代大德年间刻本《梦溪笔谈》

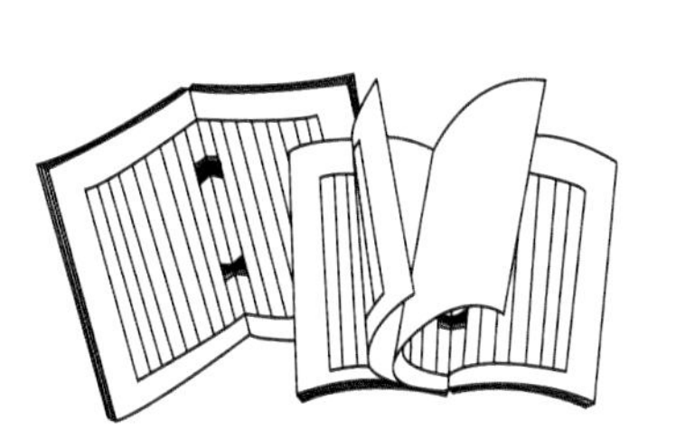

蝴蝶装图解

《我是劳动人民的儿子》1947 年韬奋书店出版

包背装图解

8. 线装

线装一般认为出现于明代中叶，是我国古代书籍装帧的最后一种形式，也是我国书籍装帧发展的顶峰，具有极强的民族风格，被誉为“中国书”的象征。

它的装帧形式与包背装近似。书页正折，版心外向，封面、封底各一张，与书背戳齐，打眼订线。线装书既便于翻阅，又不易散破。

线装书的封面及封底多用瓷青纸、粟壳色纸或织物等材料。封面左边有白色签条，上题有书名并加盖朱红印章，右边订口处以清水丝线缝缀。版面天头大于地脚两倍，并分行、界、栏、牌。行分单双，界为文字分行，栏即有黑红之分的乌丝栏及朱丝栏，牌为记刊行人及年月地址等，并且大多书籍配有插画，版式有双页插图、单页插图、左图右文、上图下文或文图互插等形式。

我国古籍书墨香纸润、版式疏朗、字大悦目、素雅和端正，并不刻意追求华丽，是我国线装书的特征。字体有颜、柳、欧、赵诸家字体，讲究总体和谐而富有文化书卷之气。

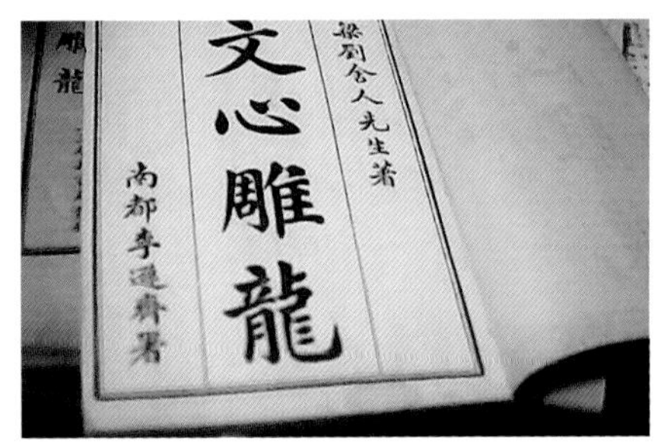

《文心雕龙》上海启新书局 1924 年出版

《饮冰室全集》

1916 年，梁启超撰

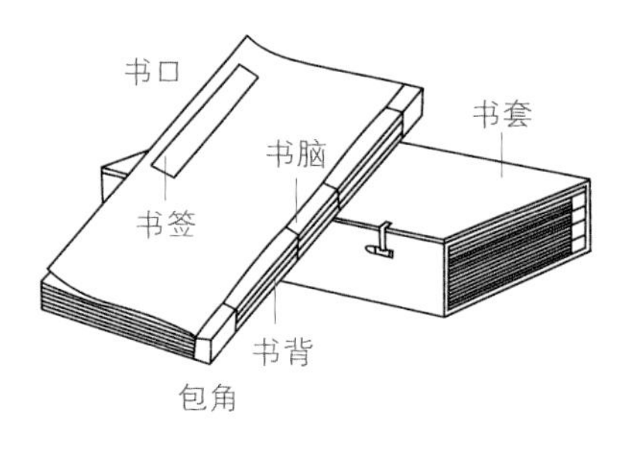

线装图解

中国近现代书籍装帧艺术起始于清末民初，受到“五四”时期新文化运动以及西方科学技术的影响。在鲁迅先生的积极倡导下，由当时的陶元庆、丰子恺、钱君陶等装帧艺术家们，将中国的装帧艺术推向了一个新时代。

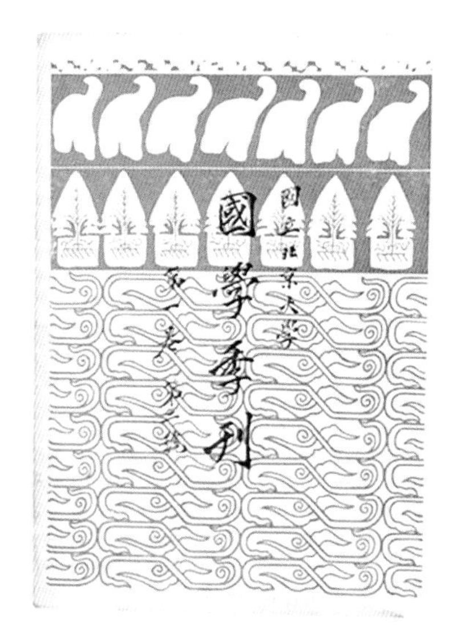

《国学季刊》

鲁迅设计，蔡元培题字，北京大学出版，1923 年，16 开

《萌芽月刊》

鲁迅主编、设计，光华书局出版，1930 年，25 开

《小彼得》

鲁迅设计，春潮书店出版，1929 年，32 开

蔡元培题字，北京大学出版，1923 年，16 开

1949 年以后，中国的出版事业得到了飞速发展，印刷工艺的进步，为书籍装帧艺术的发展和提高开拓了广阔的前景。中国的书籍装帧艺术呈现出多种形式、风格并存的格局。“文革”期间，书籍装帧艺术遭到了劫难，“一片红”成为当时的主要形式。70 年代后期，书籍装帧艺术得以复苏。进入 80 年代，改革开放政策极大地推动了装帧艺术的发展。随着现代设计观念、现代科技的积极介入，中国书籍装帧艺术更加趋向个性鲜明、锐意求新的国际设计水准。

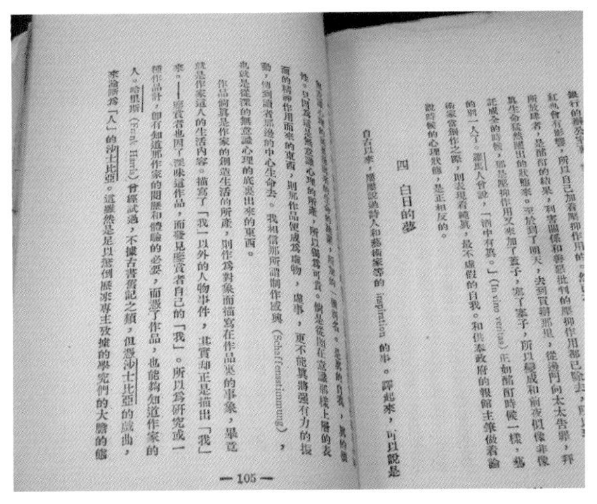
四 白日的夢

—105—

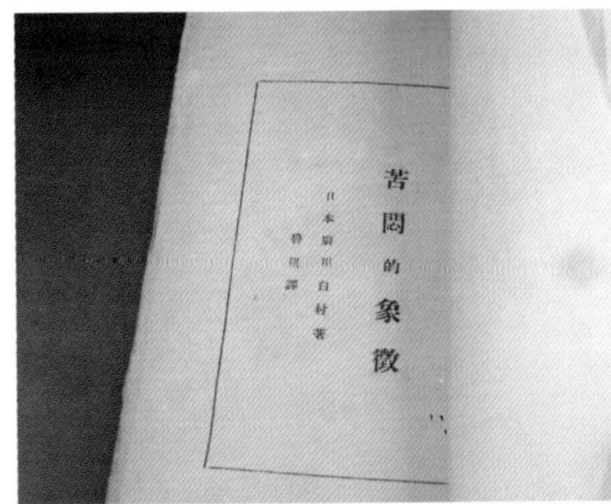

《苦闷的象征》

日本厨川白村著，鲁迅译，陶元庆设计，未名社出版，1924 年，200mm × 138mm

模块二　功能

1. 促进销售功能

一本书籍，纸张选择、装订形态、印刷工艺及平面元素的营造会直接影响到读者在阅读前的第一感官认识，书籍能否畅销，与书籍的装帧有着密不可分的关联。“不用言语的说服者”可谓是对优秀书籍装帧的形象说明。

特别是在商品极大丰富的今天，书籍的市场也非常活跃。一本优秀装帧设计的书籍给人以愉悦的视觉美感，无形中也会增加商品的附加值，从而提高书籍的市场竞争力。

《乐舞敦煌》

设计师：曲闵民、蒋茜，江苏凤凰美术出版社

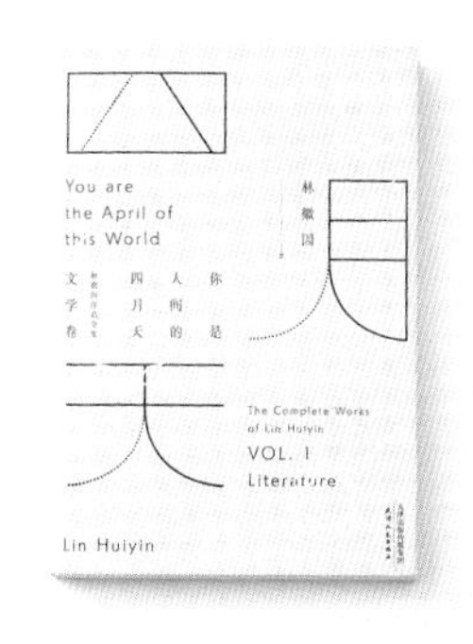

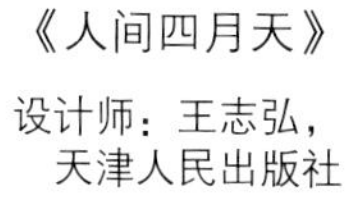

《人间四月天》

设计师：王志弘，天津人民出版社

2. 传达信息功能

书籍是信息传达的载体。书籍设计的第一原则就是将书籍的内容清晰、准确地传达给读者。这就要求设计师在设计之前先对书籍内容有清楚的理解和解读，而后将内容信息通过视觉的方式准确地、艺术性展示给读者，使消费者能够清晰准确的获取信息并阅读。

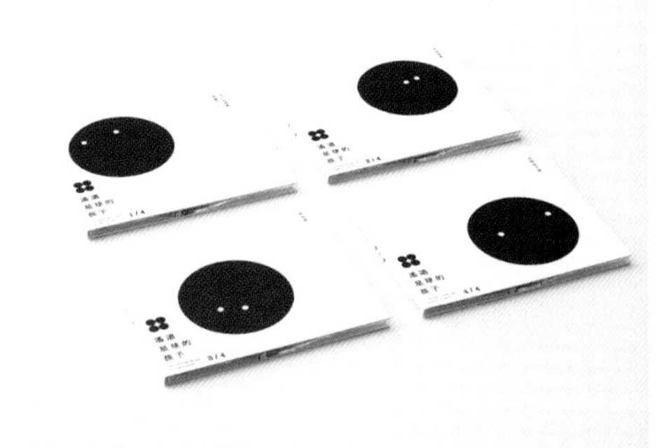

《遥远星球的孩子》

设计师：王志弘

《失恋排行榜》

设计师：聂永真

3. 保护功能

书籍从印刷出厂、运输、上架在到消费者手中需要经过诸多环节。一本优秀的书籍设计一定要考虑诸多应用场景，保证书籍能够完好无损的到达消费者手中并长期翻阅而不被损坏。这对书籍设计师而言是不小的挑战。

4. 美化功能

西方有句谚语“一千个读者眼里有一千个哈姆雷特” 是指不同的读者对同一个作品的人物或其他有不同的评价。对于书籍的审美而言亦是多种丰富的。设计师需要从书稿的内容出发，运用插图、色彩、文字等各种手段进行美学创意，将原本抽象、平淡的书稿内容变得生动、有趣、引人入胜。使读者在阅读书籍内容的同时在视觉上也能获得一种审美的愉悦感。所以所一本优秀的书籍设计也是一本流动的视觉风景，时刻传递美。

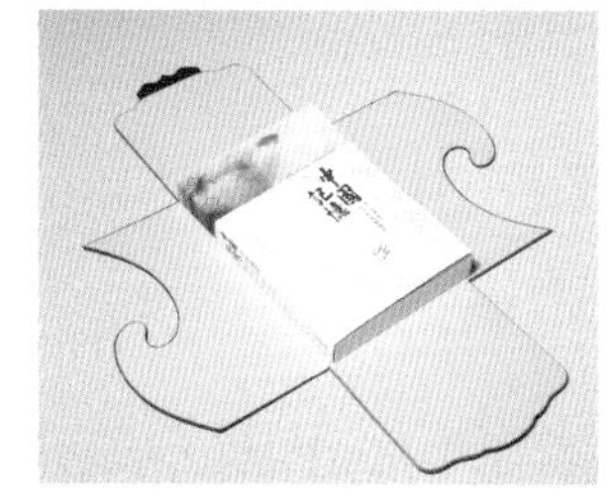

《莎士比亚全集》
设计师：刘晓翔

《诗经》
设计师：刘晓翔

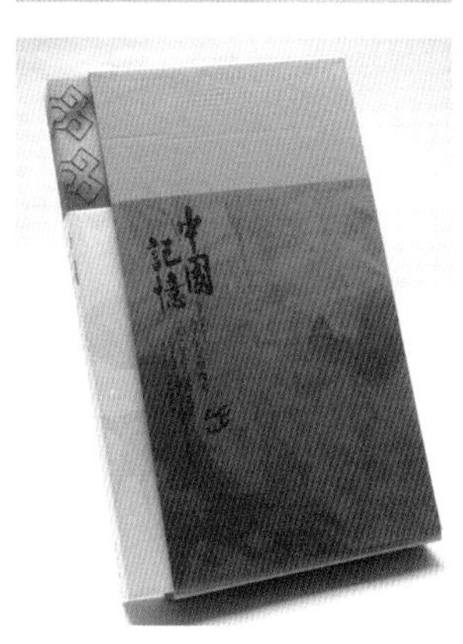

《记忆中国》
设计师：吕敬人

模块三 构成与结构

书籍可分为外观部分和内页部分。前者包括函套、护封、书脊、顶头布、环衬页，后者包括扉页、目录、章节页、正文、插图页、版权页。

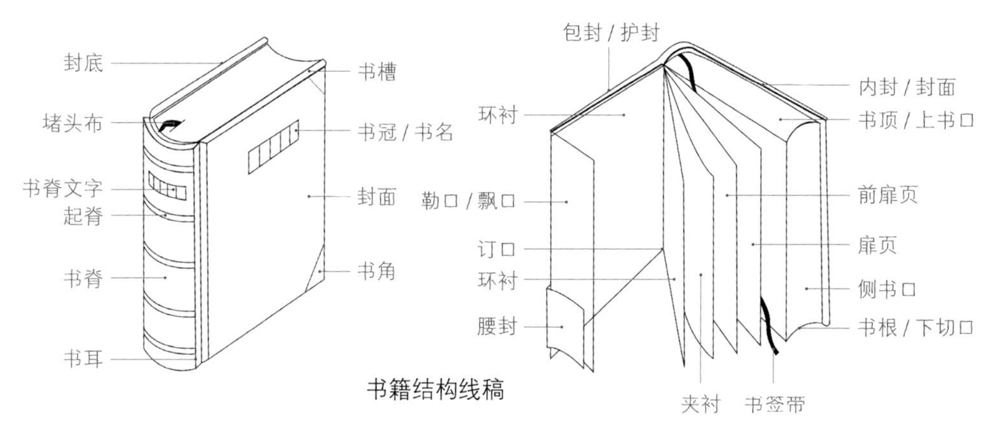

书籍结构线稿

1. 函套

也叫书套、书衣、书函等，是包装书册的盒子、壳子或书夹。传统书籍的函套多用厚纸板外裱蓝布，现代材料更加丰富，它被用于精装书，除了保护书籍功能外，还能达到一种艺术性的展示效果。

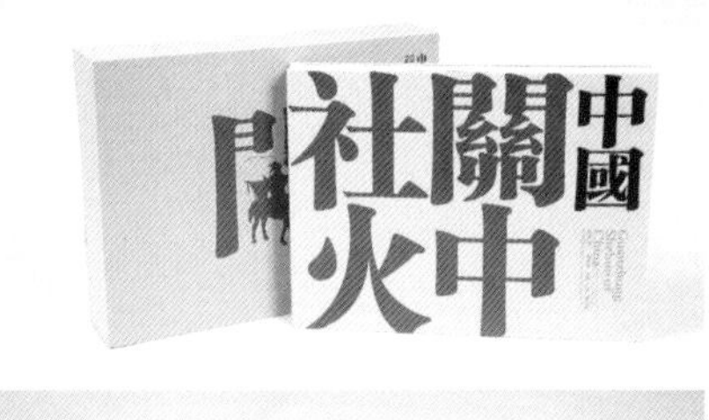

《中国关中社火》

设计师：杨大洲，中国摄影出版社出版

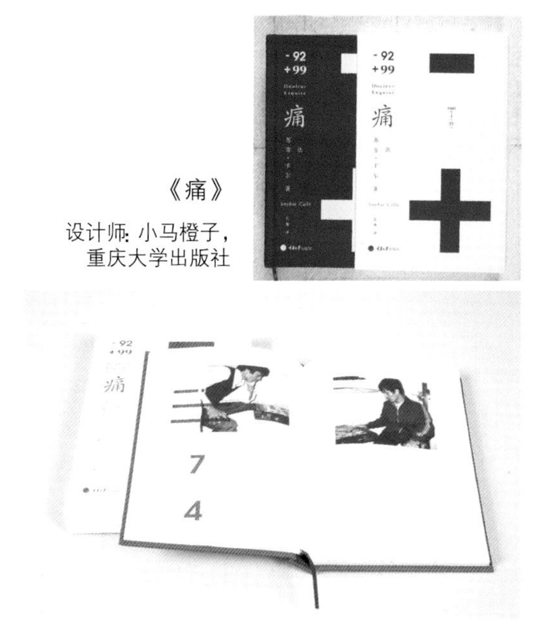

《痛》

设计师：小马橙子，重庆大学出版社

2. 护封

护封指套在封面外面的包封纸，也叫封套、包封、护书纸等，用于精装书或经典的著作。护封分为前封、后封、书脊和腰封。前封设计比较灵活，有书名、作者名和出版社等。后封是宣传出版社及其他广告，也可做书籍内容简介或名人推荐，或作者的介绍。书脊有书名、作者名，便于读者识别。腰封是护封设计的一种特殊表现形式，护封一般应用简精装书籍，而腰封常用于平装书籍，是包裹在图书封面中部的一条纸带，属于外部装饰物。其宽度约为该书封面宽度的三分之一，主要作用是装饰封面或补充封面。

护封设计等同于封面设计，应用于简装。有了护封，书籍封面只印有书名，避免繁琐。

《醇视觉 -09》

设计师：王海波，吉林美术出版社

3. 环衬

环衬是连接书心和封皮的衬纸，一般分为前环衬和后环衬。前环衬是在封面与扉页之间的环衬页。后环衬是在书芯与封底之间的环衬页。环衬一方面起到保护书芯不易脏损的作用，一方面起到由封面到扉页、由正文到封底的过渡作用。

《醇视觉 -12》

设计师：王海波，吉林美术出版社

《文学回忆录》

设计师：陆智昌，广西师范大学出版社

4. 堵头布，也称花头布、堵布等

是一种经加工制成的带有线棱的布条，用来粘贴在精装书芯书背上下两端，即堵住书背两端的布头。作用有两个：一是可以将书背两端的书芯牢固粘连；二是可以装饰书籍外观。

5. 扉页

扉页是指衬纸下面印有书名、出版者名、作者名的单张页，有些书刊将衬纸和扉页印在一起装订（即筒子页），称为扉衬页。

《醇视觉－11》

设计师：王海波，
吉林美术出版社

6. 目录

目录是全书内容的索引和纲要，与页码同时使用，显示书籍结构层次的先后。目录一般是由页码数字、篇章节和表示两者关系的符号组成。其设计风格不限。

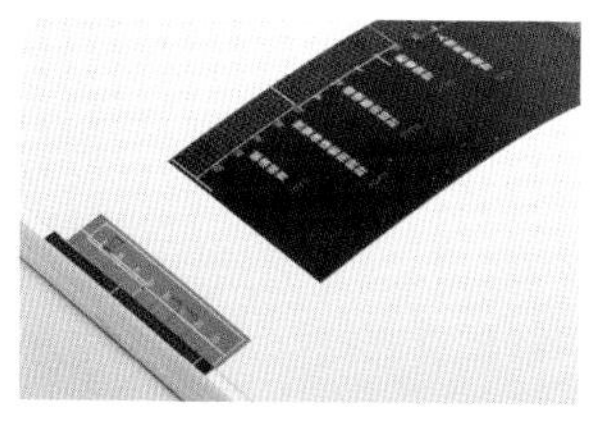
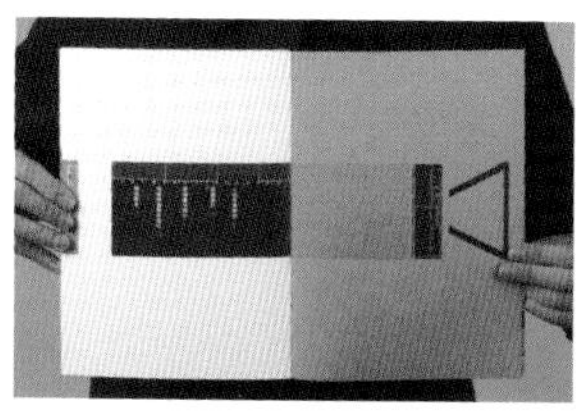

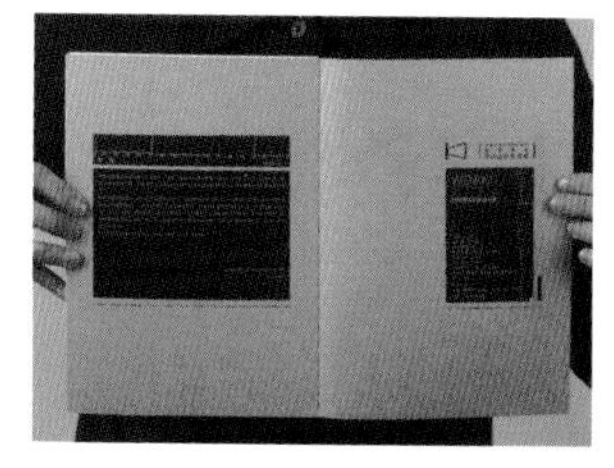
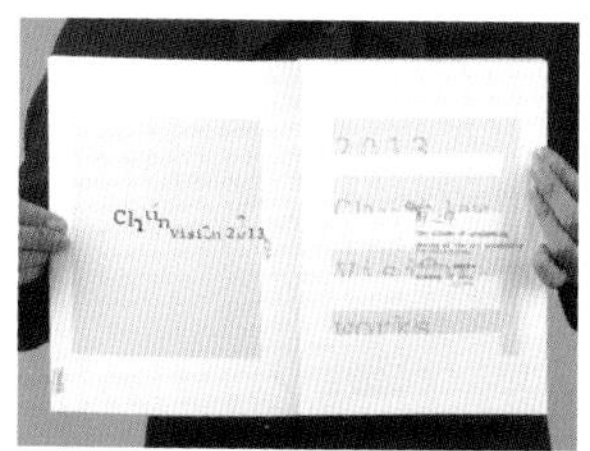

《醇视觉 -10》

设计师：王海波，吉林美术出版社

7. 版权页

版权页一般安排在正扉页的反面，或者正文最后面的空白页反面。“图书版权页”是一种行业称呼，是图书中载有版权说明的书页。在国家标准中，包括了书名、作者、编者、评者的姓名；出版者、发行者和印刷者的名称及地点；书刊出版营业许可证的号码；开本、印张和字数；出版年月、版次、印次和印数；统一书号和定价等。

8. 章节页

章节页又叫辑页、中扉页、隔页。有些书分为若干部分，称为编（篇）、辑或章等，从中用单页或用有颜色的纸张隔开，即排列在各部分的首页位置，即篇章页（中扉页）。它印有序数或篇章名称，可进行装饰性点缀，背面是白页。

9. 书眉和页码

书眉是印在版心天头（版心上方）空白处。这些文字可以是书名、篇名、章名或刊名，目的是便于读者查阅，也是版式的一种装饰。页码一般排在版心的下端，靠近切口处，有的排在版心上端或居中处。有书眉时，页码与书眉可排在同一行。

10. 切口

书籍的切口是指书页裁切的边，包括上切口、下切口、前切口。

11. 勒口

勒口是平装书的封面前口边大于书芯前口边约 20 ~ 30mm，再将封面沿书芯前口切边向里折齐的一种装帧形式。

12. 飘口

精装书的外壳比书芯三面切口多出 3mm 左右，用以保护书芯，这个多出部分就叫飘口。

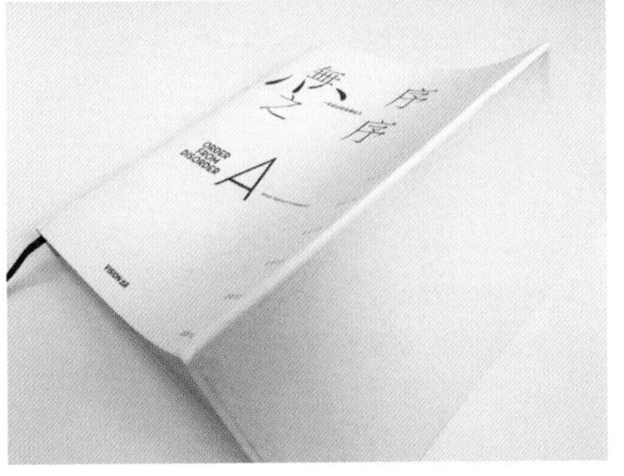

《无序之序》

设计师：冯畇茜、张雅婷、刁娜、孙初，中国青年出版总社

训练项目一：线装结构

任务 1：纸张选择

（1）任务描述：线装书籍纸张选择训练。

（2）任务分析：厚度适中、质感古朴、便于翻阅、节约成本。

（3）任务目标：训练设计师对印刷纸张的熟悉度与感知度。

（4）任务评价：纸张的克重与质感是否合理。

任务 2：内页配页

（1）任务描述：内页尺寸设计与内页拼版设计。

（2）任务分析：成书内页尺寸与拼版内页的换算关系。

（3）任务目标：线装装订书籍的拼版方式。

（4）任务评价：拼版正确，内页页码顺序无误。

任务 3：手工装订

（1）任务描述：线装书籍装订训练。

（2）任务分析：手工装订、针法、纸张选择合理。

（3）任务目标：技能训练，手工装订方式应用训练。

（4）任务评价：装订的牢固程度、翻阅舒适度。

训练项目二：简装结构

任务1：纸张选择

（1）任务描述：简装书籍纸张选择训练。

（2）任务分析：开本适度、质感符合主题，便于翻阅，节约成本。

（3）任务目标：训练设计师对印刷纸张的熟悉度与感知度。

（4）任务评价：纸张的克重与质感是否合理。

任务2：内页配页

（1）任务描述：内页尺寸设计与内页拼版设计。

（2）任务分析：成书内页尺寸与拼版内页的换算关系。

（3）任务目标：简装装订书籍的拼版方式。

（4）任务评价：拼版正确，内页页码顺序无误。

任务3：手工装订

（1）任务描述：简装书籍装订训练。

（2）任务分析：手工锁线胶订、纸张选择合理。

（3）任务目标：技能训练，锁线胶订方式应用训练。

（4）任务评价：装订的牢固程度、翻阅舒适度。

第二单元

认识书籍

模块一　文字在书籍中的应用原则与方法

文字作为知识的主要传递符号有着几千年的历史，也是书籍中最为核心的元素之一。我们通常将文字与所承载的材料结合在一起称之为“书”。合理的文字字体、文字编排会营造出一种舒适、优雅的阅读氛围，有创意的文字编排会使书中信息的传递更为生动，增加读者的阅读积极性和乐趣。由于印刷的技术不断发展进步，给现代书籍的文字编排提供了更多的发展空间。当下的书籍文字已经从单一的阅读功能逐渐演变为更为多元化的文字审美、文字创意等功能。

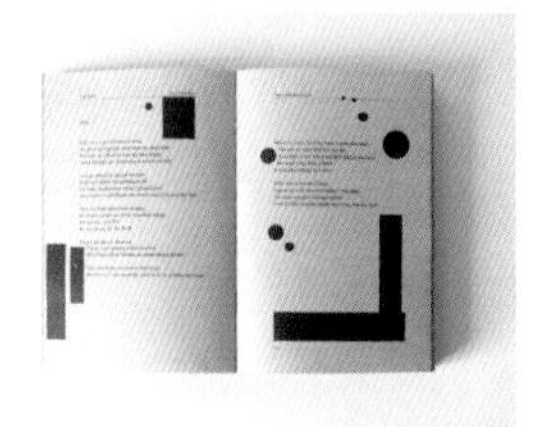

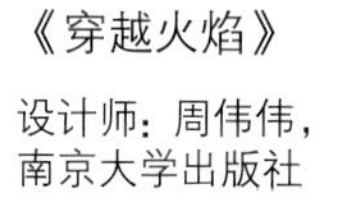

《穿越火焰》

设计师：周伟伟，南京大学出版社

一本书籍中的文字设计与编排，通过设计师的精细调整与运营，既给读者带来舒适的阅读体验，又能体现字体本身的视觉张力，同时，也能让读者感受到字与字之间的阅读律动之美。

一、字体的应用

目前书籍的基本字体多指是指书籍的正文字所使用的字体，其中包括中文和外文（主要指英文）两大类，本书主要介绍中文基本字体的编排方法。众所周知，读者拿到一本书的主要目的是从书中获取相关的知识或资讯，而这些信息获取的主要途径是通过书籍中的正文的文字。什么样的正文字体可以让读者快速的读取、识别，自然就成为设计师在应用基本字体的核心原则。

1. 信息传递清晰原则

由于信息量的传递及人们的阅读习惯，通常正文字的面积不会太大。这就导致选择草书或行书等笔画变化丰富的字体会增加读者的阅读障碍，所以字面规整、干净的字体很适合书籍的基本字体。

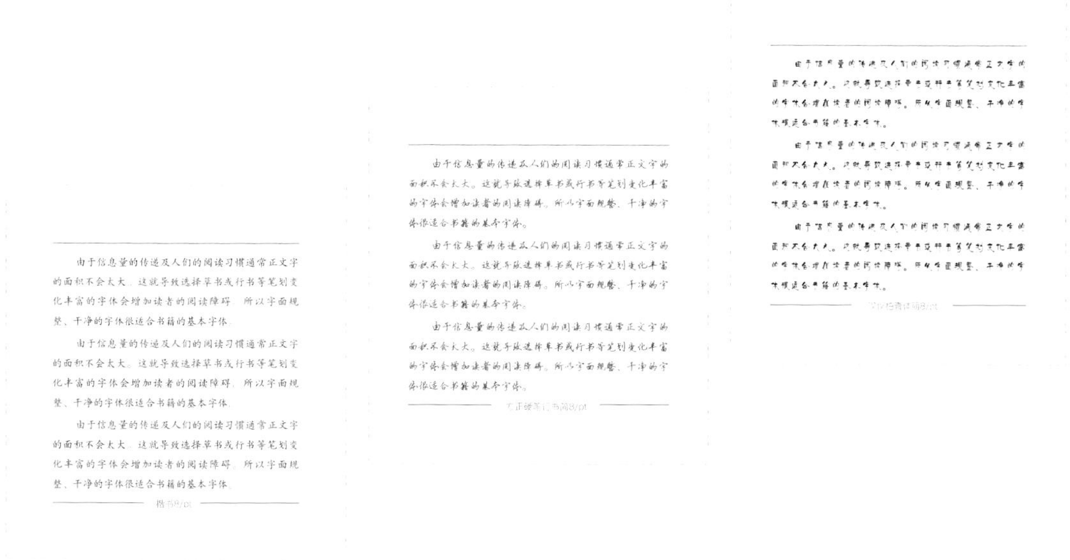

从对比图中能看出楷书作为相对整洁且规律的字体更容易被读者识别内容

2. 信息快速读取原则

设计师在设计基本字体的时候要考虑如何让读者通过阅读我们设计的字体来获取字体所带来的信息。这也就是说字体在读者获取信息的过程中所扮演的是幕后的角色，它既要让读者快速地、愉悦地阅读，同时又不能把注意力过多地关注在字体本身。所以特点过于鲜明的字体多数情况下并不适合正文字的使用，而常见的印刷字体会像空气一样充当媒介让读者快速地获取信息。

设计师在设计基本字体的时候要考虑如何让读者通过阅读我们设计的字体来获取字体所带来的信息。这也就是说字体在读者获取信息的过程中所扮演的是幕后的角色，它即要让读者快速的愉悦的阅读，同时又不能把注意力过多的关注在字体本身。所以特点过于鲜明的字体多数情况下并不适合正文字的使用。而常见的印刷字体会像空气一样充当媒介让读者快速的获取信息。

苹方8/pt

设计师在设计基本字体的时候要考虑如何让读者通过阅读我们设计的字体来获取字体所带来的信息。这也就是说字体在读者获取信息的过程中所扮演的是幕后的角色，它即要让读者快速的愉悦的阅读，同时又不能把注意力过多的关注在字体本身。所以特点过于鲜明的字体多数情况下并不适合正文字的使用。而常见的印刷字体会像空气一样充当媒介让读者快速的获取信息。

汉仪综艺体简8/pt

设计师在设计基本字体的时候要考虑如何让读者通过阅读我们设计的字体来获取字体所带来的信息。这也就是说字体在读者获取信息的过程中所扮演的是幕后的角色，它即要让读者快速的愉悦的阅读，同时又不能把注意力过多的关注在字体本身。所以特点过于鲜明的字体多数情况下并不适合正文字的使用。而常见的印刷字体会像空气一样充当媒介让读者快速的获取信息。

汉仪中隶书简8/pt

设计师在设计基本字体的时候要考虑如何让读者通过阅读我们设计的字体来获取字体所带来的信息。这也就是说字体在读者获取信息的过程中所扮演的是幕后的角色，它即要让读者快速的愉悦的阅读，同时又不能把注意力过多的关注在字体本身。所以特点过于鲜明的字体多数情况下并不适合正文字的使用。而常见的印刷字体会像空气一样充当媒介让读者快速的获取信息。

汉仪竹节体简8/pt

图中分别为：苹方黑体、汉仪中隶书简、汉仪综艺体简和汉仪竹节体简。在正文字体的使用中后三种字体更容易被读者关注字体本身，而忽略了字体所承载的含义

3. 基本字体的审美原则

一本书籍中的字体与读者接触时间最长的即为基本字体。一款合适的基本字体在承担信息传递的功能外，还担负着带给读者一个愉快的阅读旅程的使命，也就是基本字体的审美性。书籍设计的核心美学气质与基本字体的审美本质密不可分。基本字体是全书内容的主体。审美气质的基本类型对提高整本书的设计品位起着至关重要的作用。设计师需要根据书籍内容做表述的内容，细化设计感，从而通过适合的字体气质来表达书籍的设计气韵。

审美是一种偏感性的情感表达，很难用语言准确地概括。为了更直观，作者总结了一些基本字体美学的方法。一、字面整洁。整洁，也可以理解为一种秩序之美。比如具有统一的装饰角设计、一致的笔画粗细比例关系等，都存在于一种秩序性。二、变化适度。变化作为提升美感的重要元素，在字体中自然适用。但作为基本字体的审美方式，笔者更强调适度的变化。多样的变化可能会提升文字的美观程度，但对于信息的快速传递未

一、字面整洁。整洁，也可以理解为一种秩序之美。比如具有统一的装饰角设计、一致的笔划粗细比例关系等，都存在于一种秩序性。一、字面整洁。整洁，也可以理解为一种秩序之美。比如具有统一的装饰角设计、一致的笔划粗细比例关系等，都存在于一种秩序性。

汉仪细中圆简8/pt

二、变化适度。变化作为提升美感的重要元素，在字体中自然适用。但作为基本字体的审美方式，笔者更强调适度的变化。多样的变化可能会提升文字的美观程度，但对于信息的快速传递未必有利。所以适当的变化在基本字体的选择上就显得尤为重要。

汉仪简体楷8/pt

三、结构清晰。目前市面上有很多字库、字体，变化多样丰富。有些字体结构多变，可能少量文字的应用非常合适，比如作为标题字等。但作为基础字体类的正文字大量应用可能会给读者一种烦躁的阅读感受。

汉仪宋书一简8/pt

图中分别为：汉仪细中圆简、汉仪简体楷、汉仪宋书一简。此三种字体从不同角度都诠释了基本字体的审美原则

为吉林工程技术师范学院毕业设计作品集 2012、2013、2014 届前言部分设计，通过对基本字体的规划、处理，呈现出三种不同的设计气质与风格

《zeitgeist》

书籍设计：martin pyp

必有利，所以适当的变化在基本字体的选择上就显得尤为重要。二、结构清晰。目前市面上有很多字库、字体，变化多样丰富。有些字体结构多变，可能少量文字的应用非常合适，比如作为标题字等，但作为基础字体类的正文字大量应用可能会给读者一种烦躁的阅读感受。

二、字体搭配

书籍设计中文字体搭配与设计是在读者与书籍之间构建信息传达的视觉桥梁，因此在书籍设计的过程中，合理的版面字体搭配是信息传达的有效处理方法。有效的信息传递对读者而言是快速找到并适应所读作品的阅读规律。这就需要设计师在设计的过程中根据内容建立设计的逻辑关系。而版面字体的合理搭配是建立逻辑关系的重要方式。

根据需要编排的书籍内容分析内在的逻辑关系，如一级标题、二级标题、三级标题、正文、说明文字、备注等。这些相关内容在信息传递的过程中承担了不同的功能，它们之间存在着内在的逻辑联系。设计师可以通过字号变化将内在的逻辑关系展示给读者。从字号变化划分，通常正文字号大小以满足读者进行大量且长时间阅读而不疲劳为标准。而标题类字号则要大于正文字号进而有利于读者快速捕捉信息。说明文字、备注等文字则略小于正文字号，起到补充说明的功能。

对于设计师来说，如何运用字体的变化表述内容的逻辑关系呢？从逻辑上讲相同层级的内容要选择同一种字体为好，这将给读者一种心理暗示，让读者潜意识地通过相同的字体和字体大小来找到相应的逻辑位置。但有时一本书的逻辑关系可能会更加复杂，比如按层次划分的逻辑方法，有些书可能有七到八个层次。如果字体在每个层次都使用，

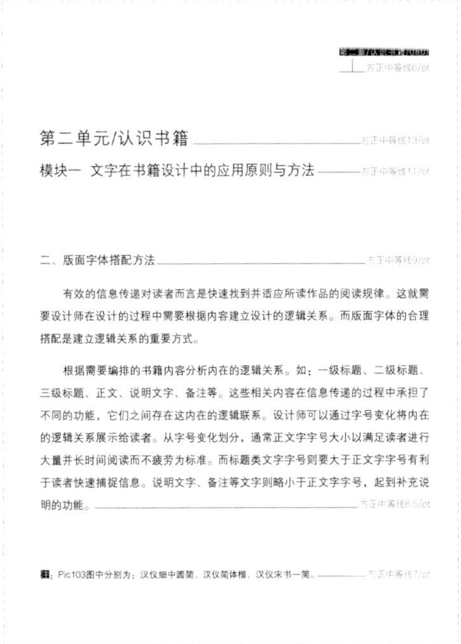

图中运用字磅大小表述内容逻辑关系

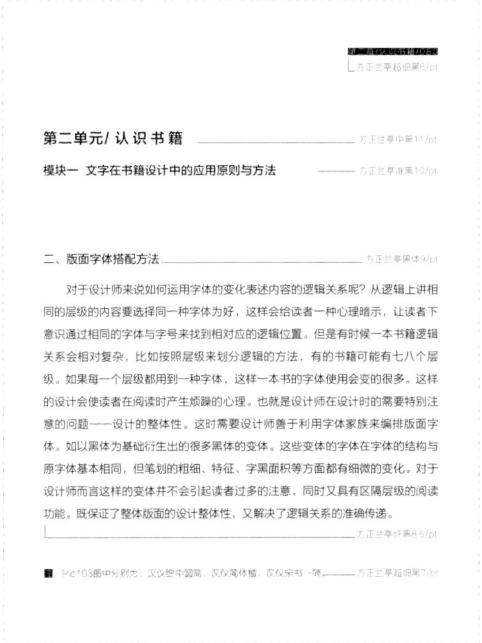

图中运用同一字体家族中不同变化传递内容逻辑关系

那么这种字体的使用就会改变很多，这样的设计会使读者在阅读时产生烦躁的心理。也就是设计师在设计时需要特别注意的问题——设计的整体性。这就需要设计师善于利用字体家族中的“其他成员”来编排版面字体。如以黑体为基础衍生出的很多黑体的变体。这些变体的字体在字体的结构与原字体基本相同，但笔画的粗细、特征、字黑面积等方面都有细微的变化。对于设计者来说，这样的变化通常不会引起读者的注意，但也有在区间层面上的阅读功能，它保证了设计的总体布局，并兼顾了逻辑关系。

三、文字编排

对于版面文字的编排方法，笔者在实践中，有一些经验可以与大家来分享。

设计师在进行版面文字的编排设计就如同在整理一个房间的物品，整理的目的自然是为使用时的方便与快捷，所以通常需要对不同功能的对象进行分类，如厨房用品、学习工作物件、清洁用品、休息物品等，通过分类得出大概需要归类的版块与区域。

第二步是根据具体的房间环境进行合理摆放。

第三步则是要根据房间主人的使用习惯及个人特点进行调整。最后则是经过一段时间的使用检验细微调整。所以，版面文字编排时一般遵循的流程是：理解—分类—粗排—精确细排—校对。

1. 理解（理解房间物品的功能区隔）

在进行文字的编排之前，首先要理解文字的内容。只注重版式美观而不关注文字内容，把文字一拿到手就开始编排，从不考虑文字在说什么，这是不正确的设计方法。对于一篇文案稿，如果我们不去理解它的表述内容，就很容易本末倒置。

我们要深刻地理解文本的内容，为我们选择字体大小提供一个基础，才能让文字的视觉感受与表述内容保持统一，并为我们选择合适的插图提供方向。当然这种理解不是肤浅的理解，而是真正吃透它所表达的意思。有时一些文字的意义是指东道西的，表面上是说这件事，其实它真正想表现却是另一个道理。这就需要设计师有较强的理解能力。

2. 分类（将房间内不同功能的物品进行逻辑分类）

分类也就是把我们理解的文字段按照逻辑进行分层，并为其分配相应的占用空间和大致的视觉位置。谁是主标题，谁是副标题，谁是内文，内文的组成结构是怎样的，是否需要进行视觉归纳或者是内容归纳等，理顺这些问题，我们就可以把这些文字分类成几个层级。

第一级是最重要和突出的，比如主标题、副标题等。第二级是对第一级的辅助说明或者是次于第一级的，比如内文和某些特别需要强调的相关信息等。第三级是最次要的，比如跋、通联、页码、旁注等。一般情况下分成三个层级就足够了，但有时会有一些很专业的技术图表和技术参数类的文本编排就另当别论了。需要注意的是，这个分类不是绝对的，而是一个模糊的，大致基本的轮廓。在划分逻辑之后，还要进行版面空间的大

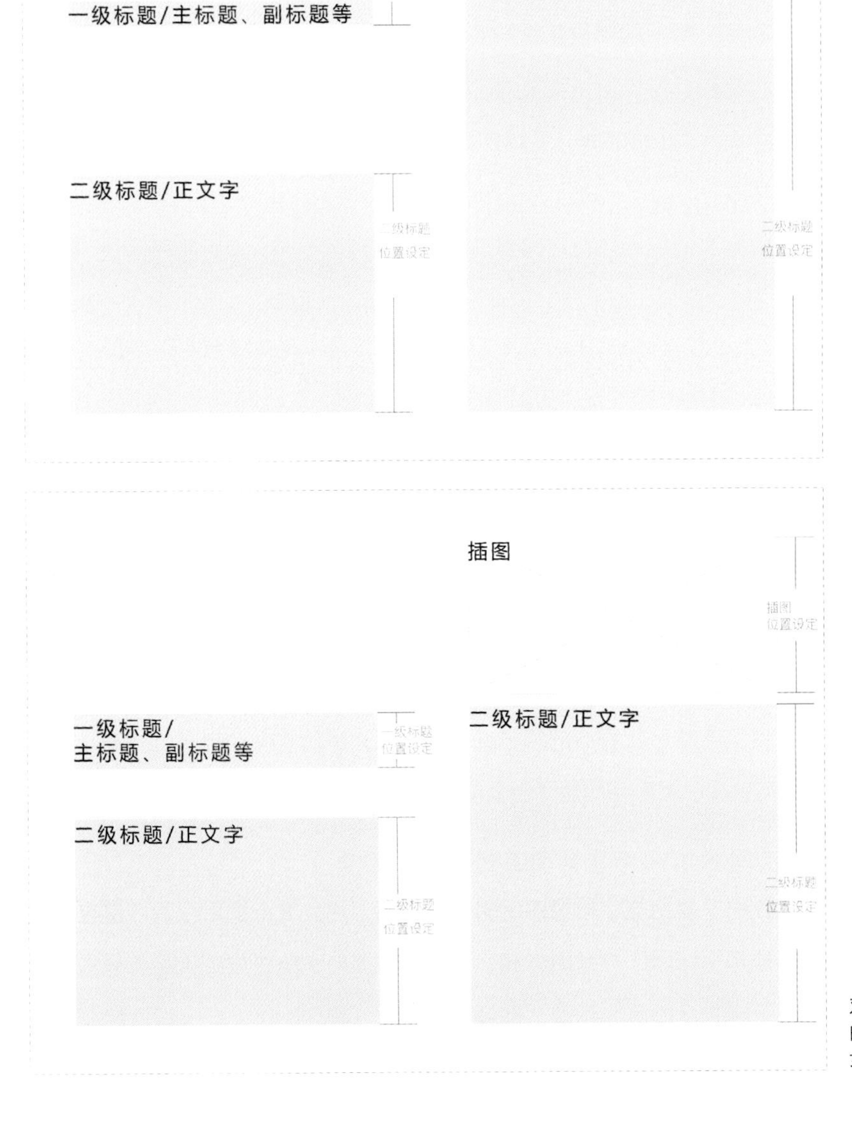

通读内容对文字及图形的面积进行初步划分

体划分。在此过程中设计师要将插图与文字同时进行思考，这个过程是一个反复测试的过程，是考验设计师整体控制力的过程。因为，在此之间版面空间固定的每一个局部空间都是相互影响、相互制约。A 元素的空间多一些就意味着 B 元素的空间就会减少，所以此时应该更多的从内容的轻重、主次，版面的视觉流程、插图的设计风格、文字的字体选择等多重角度进行统筹规划方能找到最为合理的编排方案。

对于内文

第一级是最重要和突出的，比如主标题、副标题等，第二级是对第一级的辅助说明或者是次于第一级的，比如内文和某些特别需要强调的相关信息等，第三级是最次要的，比如跋、通联、页码、旁注等等，一般情况下分成三个层级就足够了，但有时会有一些很专业的技术图表和技术参数类的文本编排就另当别论了。需要特别说明的是，这种分类并不是绝对的，只是一个模糊、大概的基本轮廓，可以让我们了解到编排对象的在版面的功能和意义。

最后要做的就是为各个层级的文字内容分配视觉空间，如果有插图配合的话，应该同时考虑插图和文本的空间占用（在这个过程中，最容易出现的问题就是，很多设计师喜欢先把插图定位得很死，把空间都计算好了，在编排文字的时候发现文字的空间不够，这时只能到处找多余的空间把文字硬塞进去，或者牺牲文字的字号大小来妥协，最后的效果就是到处都很挤，到处都不合理，这些对于初学者来说要特别注意，文本的容量和插图的容量一定要同时考虑，在有必要的时候一定要对插图的空间进行调整，不要舍不得，整体效果永远都要比局部的效果重要。

第一级是最重要和突出的，比如主标题、副标题等，第二级是对第一级的辅助说明或者是次于第一级的，比如内文和某些特别需要强调的相关信息等，第三级是最次要的，比如跋、通联、页码、旁注等等，一般情况下分成三个层级就足够了，但有时会有一些很专业的技术图表和技术参数类的文本编排就另当别论了。需要特别说明的是，这种分类并不是绝对的，只是一个模糊、大概的基本轮廓，可以让

对于内文

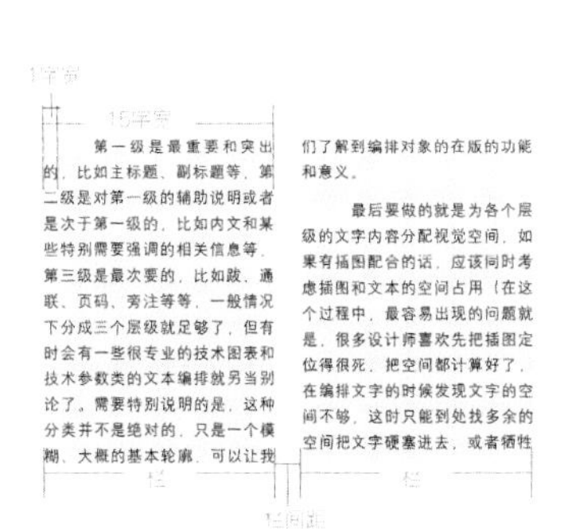

第一级是最重要和突出的，比如主标题、副标题等，第二级是对第一级的辅助说明或者是次于第一级的，比如内文和某些特别需要强调的相关信息等，第三级是最次要的，比如跋、通联、页码、旁注等等，一般情况下分成三个层级就足够了，但有时会有一些很专业的技术图表和技术参数类的文本编排就另当别论了。需要特别说明的是，这种分类并不是绝对的，只是一个模糊、大概的基本轮廓，可以让我们了解到编排对象的在版的功能和意义。

最后要做的就是为各个层级的文字内容分配视觉空间，如果有插图配合的话，应该同时考虑插图和文本的空间占用（在这个过程中，最容易出现的问题就是，很多设计师喜欢先把插图定位得很死，把空间都计算好了，在编排文字的时候发现文字的空间不够，这时只能到处找多余的空间把文字硬塞进去，或者牺牲

文字的字号大小来妥协，最后的效果就是到处都很挤，到处都不合理，这些对于初学者来说要特别注意，文本的容量和插图的容量一定要同时考虑，在有必要的时候一定要对插图的空间进行调整，不要舍不得，整体效果永远都要比局部的效果重要。

第一级是最重要和突出的，比如主标题、副标题等，第二级是对第一级的辅助说明或者是次于第一级的，比如内文和某些特别需要强调的相关信息等，第三级是最次要的，比如跋、通联、页码、旁注等等，一般情况下分成三个层级就足够了，但有时会有一些很专业的技术图表和技术参数类的文本编排就另当别论了。需要特别说明的是，这种分类并不是绝对的，只是一个模糊、大概的基本轮廓，可以让我们了解到编排对象的在版面的功能和意义。

最后要做的就是为各个层级的文字内容分配视觉空间，如果有插图配合的话，应该同时考虑插图和文本的空间占用（在这个过程中，最容易出现的问题就是，很多设计师喜欢先把插图定位得很死，把空间都计算好了，在编排文字的时候发现文字的空间不够，这时只能到处找多余的空间把文字硬塞进去，或者牺牲文字的字号大小来妥协，最后的效果就是到处都很挤，到处都不合理，这些对于初学者来说要特别注意，文本的容量和插图的容量一定要同时考虑，在有必要的时候一定要对插图的空间进行调整，不要舍不得，整体效果永远都要比局部的效果重要。

第一级是最重要和突出的，比如主标题、副标题等，第二级是对第一级的辅助说明或者是次于第一级的，比如内文和某些特别需要强调的相关信息等，第三级是最次要的，比如跋、通联、页码、旁注等等，一般情况下分成三个层级就足够了，但有时会有一些很专业的技术图表和技术参数类的文本编排就另当别论了。需要特别说明的是，这种分类并不是绝对的，只是一个模糊、大概的基本轮廓，可以让我们了解到编排对象的在版的功能和意义。

最后要做的就是为各个层级的文字内容分配视觉空间，如

段落文字每行的字数与分栏示例

3. 粗排（将房间内归类的物品进行合理摆放）

经历了前面的过程，设计师对版面逻辑及空间都已经有了初步的规划。设计师心中应该已经有了一个初步的构想，粗排的过程就是把这些规划进行落地构想视觉化，以形成一个基本的编排初稿。在此过程中设计师开始进一步关注字体的细节调整，检验在分类阶段的规划是否合理并作出适当的调整。在粗排的过程中需要主要屏幕的大小和成品尺寸的误差，有经验的设计师已经开始用印刷的标准来调节字体和字磅等信息。这对于读者后期的阅读体验是至关重要的。

粗排主要是针对以下几个方面来进行：

A. 关于分栏编排

在粗排的过程中如果书籍的开本横边过长，文字分栏编排不失为一个好的选择。分栏版式通常分为等分与均衡两种方式。等分是指将整体版面空间进行平均分配，在版面的控制上更为容易，也会给读者传递一种秩序之美。而均衡是通常是通过文稿的自然段进行分栏，这种编排方式相对自由，给人一种变化之美。通常均衡的分栏方式适合文稿自然段文字量相对平均且段落数量不多的情况，如果段落过多会适得其反。版面会显得不够整体。分栏的另一个要注意的地方就是栏宽的确定。一般来说，15 ~ 25 个字的栏宽视觉效果比较适舒，超长或超短都会引起阅读的不方便。

B. 字号大小的确定

粗排过程中，每个层级的文本字号应该基本确定。因为这种多页的设计物需要在文字上有统一的视觉风格，每个层级的文本元素应该在不同的版面上保持相同或统一的视觉风格。字号的大小确定需要有三个依据：

一是通过各个字号大小的差异化设置来营造各层级层级元素之间的对比关系。

二是版面整体比例关系。也就是让文字突出但不唐突，弱化但要可见。

三是成品的视觉效果。设计师要根据书籍的类别和读者的受众来考虑字号的设置。如小说类书籍主要面对成年人，正文通常设置为 8 磅至 12 磅左右。

儿童类读物要考虑儿童的阅读注意力，一般要设置为比如小说类书籍可能 8 磅至 12 磅就足够了，但儿童类书籍要考虑其阅读心理，一般将正文字设置为 10 磅以上。

老年人的读物就要考虑到老年人的视力问题，正文字通常设置为 11 磅至 14 磅。此外不同的字体的面积也会略有不同，在这里设计师更应该培养对字号大小的敏感度。

在一个经验丰富的设计师眼里，一款字体的笔画粗细差别、一个级别磅数的大小差别都会给读者传递不同的设计理念与阅读体验。一般来说，字符的占用比较满的字体（如黑体）在同等字号情况下看起来偏大，反之（如楷体）则偏小，这些在不同字体混排时经常出现，需要对其进行视觉修正，一般可以加入正负 0.1 ~ 0.2 的修正值就可以解决。在编排时，字号的大小级数不能出现太多（除非你在刻意创造某些特殊视觉效果而需要进行混排），最好每个层级只使用一种字号大小，对于同一层级的不同隶属关系的文本，可以用字体进行区分，否则字号级数过多，将造成整个版面的杂乱无章。

字号与印刷尺寸对照表

书籍设计：An Anthology of Triple Canopy

C. 字距和行距的再设计

通常在排版类软件中都有关于字距和行距的调整设置，很多初学者认为调整方法很简单，从而导致对字距与行距的重视程度不够。不同的字距与行距的设置会产生完全不同的视觉感受，所以，在这里我们文字的字距与行距的调整称为“再设计”。

一般来说，字距的确定是由字体结构来决定的，因为每种字体对字符的占用空间是不一样的。比如楷体字，结构比较自由灵活，对字符四边的占用率比较小，所以它所要求的“字距”也相对较小，字距太宽的话视觉效果就会散，阅读起来很吃力。而黑体和宋体则对四边的空间利用率很高，字符很满，因此它所需要的字距空间就比楷体要稍微大一点，才能让阅读者感觉舒适。

而行距的设计，主要的功能是给读者在阅读功能上以连贯的视觉动线。也就是说避免读者在阅读的过程中出现串行的情况。所以汉字的行距设定通常要比字距大，才能在视觉上给读者划定阅读界限。行距的设置最小一般不低于字高的 50% 才能体现“行”的感觉。如果我们把正文字中单个汉字归纳为“点”的话，行距即为将“点”连接为线视觉区隔。至于设计师需要营造的是“点”还是“线”，或是“面”，这完全取决于行距与字距的整体设计。

总之，或严谨传统，或反叛突破，字距和行距的再设计可以为版面提供更加灵活、富有感染力的表现形式，但都不能以牺牲可阅读性作为代价。

第二单元/认识书籍

模块一 文字在书籍设计中的应用原则与方法

三、版面文字的编排方法

一般来说，字距的确定是由字体结构来决定的，因为每种字体对字符的占用空间是不一样的，比如楷体，结构比较自由灵活，对字符四边的占用率比较小，所以它所要求的"字距"也相对较小，字距太宽的话视觉效果就会散，阅读起来很吃力。而黑体和宋体则对四边的空间利用率很高，字符很满，因此它所需要的字距空间就比楷体要稍微大一点，才能让阅读者感觉舒适。

一般来说，字距的确定是由字体结构来决定的，因为每种字体对字符的占用空间是不一样的，比如楷体，结构比较自由灵活，对字符四边的占用率比较小，所以它所要求的"字距"也相对较小，字距太宽的话视觉效果就会散，阅读起来很吃力。而黑体和宋体则对四边的空间利用率很高，字符很满，因此它所需要的字距空间就比楷体要稍微大一点，才能让阅读者感觉舒适。

第二单元/认识书籍

模块一 文字在书籍设计中的应用原则与方法

三、版面文字的编排方法

一般来说，字距的确定是由字体结构来决定的，因为每种字体对字符的占用空间是不一样的，比如楷体，结构比较自由灵活，对字符四边的占用率比较小，所以它所要求的"字距"也相对较小，字距太宽的话视觉效果就会散，阅读起来很吃力，而黑体和宋体则对四边的空间利用率很高，字符很满，因此它所需要的字距空间就比楷体要稍微大一点，才能让阅读者感觉舒适。

一般来说，字距的确定是由字体结构来决定的，因为每种字体对字符的占用空间是不一样的，比如楷体，结构比较自由灵活，对字符四边的占用率比较小，所以它所要求的"字距"也相对较小，字距太宽的话视觉效果就会散，阅读起来很吃力。而黑体和宋体则对四边的空间利用率很高，字符很满，因此它所需要的字距空间就比楷体要稍微大一点，才能让阅读者感觉舒适。

字距效果对比

不同行距效果对比

避头尾法则的应用对比

D. 对齐

这是书籍正文字编排中最为常见的一种编排方式。但有时一段段落文字想要在视觉上看起来整齐划一，还需要设计师认真细致的进行处理、调整。调整文字对齐的基本原则即视觉对齐，而非排版软件中的自动对齐。由于汉字的笔画、结构并不会完全一致，单纯的绝对对齐会产生视觉误差，给读者以不齐的感觉。就笔者的经验来看可以先用软件中的对齐命令进行编辑，然后通过视觉的测试检验，进行再次的细微调整，从而保证视觉的整齐感。

E. 气口的设置

气口的设置。所谓气口就是给大篇幅文本留有透气的空间，让阅读者在连续阅读的过程中有喘气的机会。主要针对整体造型为方块字的汉字在编排会给人以沉闷、枯燥的情况所产生的一种版式编排方式。汉字编排中气口的设置在段前段后进行，气口的基本特征就是比正常的行距要大、与文字篇幅外围的大面积留白相连接、具有与空气对流相同原理的空白视觉通道。

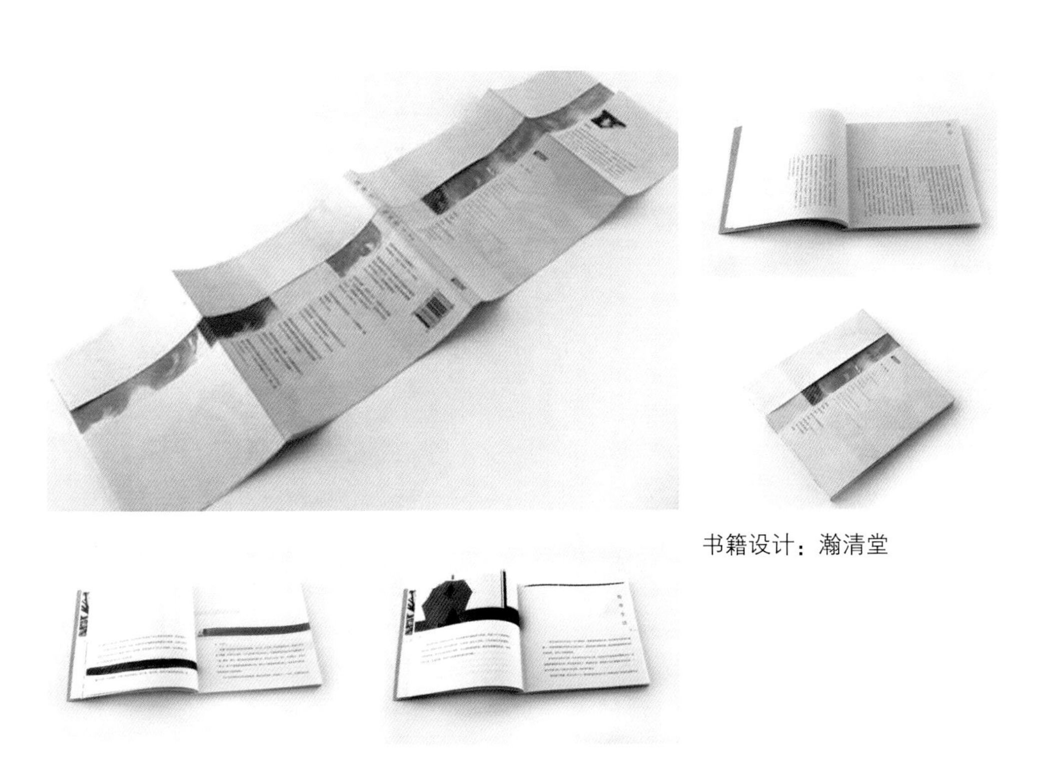

书籍设计：瀚清堂

气口的设置根据设计的具体需要进行设置，篇幅小的时候一个气口就足够了，篇幅大而复杂时，则需要设置多个气口。尤其是抽象、枯燥的技术型文本块，由于层级关系复杂，更需要针对不同层级设计不同的气口，这样能缓和阅读的紧张感，让文本块看起来有节奏感和趣味性。要注意的是，气口的设置一定要在自然段或自然章节的前后进行，不要勉强拆分一个完整段来设置气口，这样会破坏文本本身的完整性。

三、版面文字的编排方法

气口的设置：汉字的编排不象英文，英文有上标下标，有单词之间的空隔，所以排列起来感觉很有节奏感和韵律感，汉字每个字之间都太规则，所以排列起来有些显得沉闷无趣，要打破这种局面，就要学会设置气口。所谓气口，就是能让大篇幅文本透气的空间，让阅读者有喘气的机会。一般来说，汉字编排中气口的设置在段前段后进行，气口的基本特征就是比正常的行距要大、与文字篇幅外围的大面积留白相连接、具有与空气对流相同原理的空白视觉通道。

气口的设置根据设计的具体需要进行设置，篇幅小的时候一个气口就足够了，篇幅大而复杂时，则需要设置多个气口，尤其是抽象、枯燥的技术型文本块，由于层级关系复杂，更需要针对不同层级设计不同的气口，这样能缓和阅读的紧张感，让文本块看起来有节奏感和趣味性。要注意的是，气口的设置一定要在自然段或自然章节的前后进行，不要勉强拆分一个完整段来设置气口，这样会破坏文本本身的完整性。

通过段落间距设置气口

气口的设置：汉字的编排不象英文，英文有上标下标，有单词之间的空隔，所以排列起来感觉很有节奏感和韵律感，汉字每个字之间都太规则，所以排列起来有些显得沉闷无趣，要打破这种局面，就要学会设置气口。所谓气口，就是能让大篇幅文本透气的空间，让阅读者有喘气的机会。一般来说，汉字编排中气口的设置在段前段后进行，气口的基本特征就是比正常的

气口的透气

气口的设置

《千字文》

F. 文本块的趣味性

书籍正文的版面形态主要来源于文稿的内容、字数、及版面的大小风格等诸多因素。对于语言风格较为活泼的文稿或是文字数量较少的读物，过于整齐、严谨的版式可能会导致风格的偏差。这就需要设计师在设计正文版式的时候增加文本快的趣味性。比如首字下沉、文本阴影、文本绕图、任意形状的文本框等效果，都能让文本块产生阅读的趣味性。

4. 精确细排

这是提升作品质感的重要环节。在粗排之后，设计师要按照成品的尺寸将书籍内页打印出小样进行设计校对。这里所说的设计校对主要包括成品习惯阅读距离内，字号的大小是否已经合理，各部分比例是否恰到好处，文本篇章在整个版面中是否和谐，各个

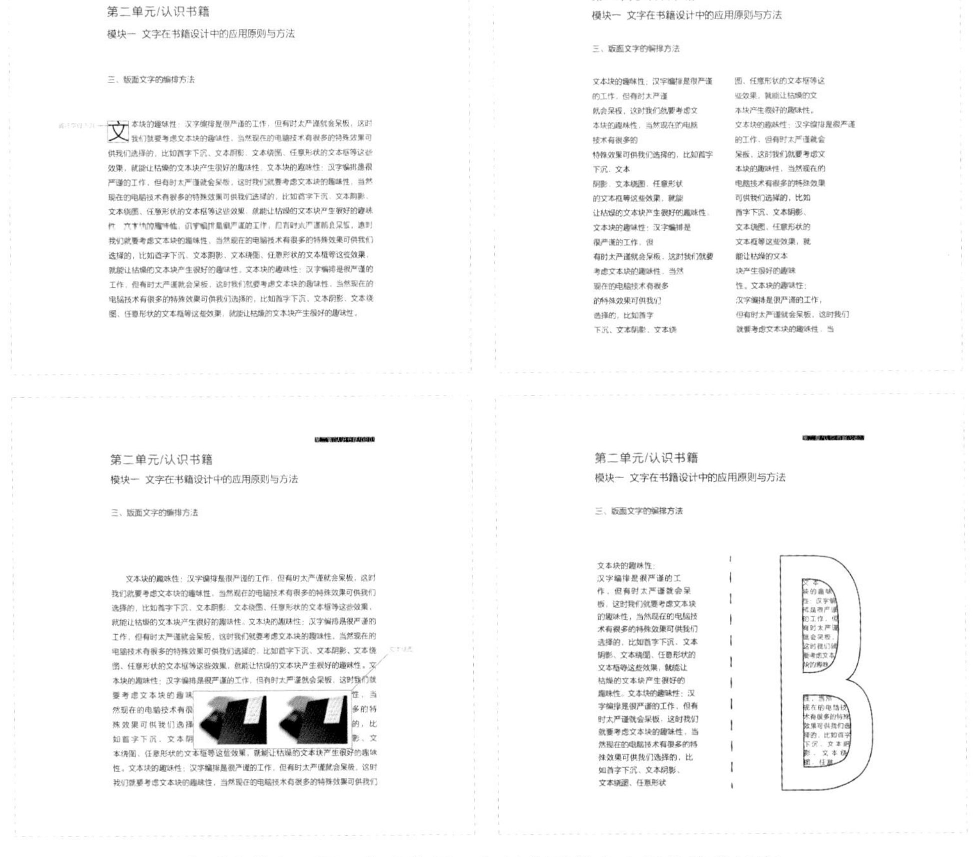

分别为首字下沉、文本绕图、与任意形状文本框的编排示意

《FLAG 杂志》

层级的文字是否清晰明了，分栏的栏数和栏宽是否合理，各元素之间的距离是否排列得体，该对齐的部分是否已经分毫不差，字距、行距看起来是否舒适，是否已经考虑过印刷成品裁切出血位后的距离，是否有需要进行视觉修正的部分，每个文本块的位置是否能完全确定下来等问题。然后在进行反复调整修改，进入下一个环节。

5. 校对

校对对于书籍设计的行业来说，尤为重要，因为设计中，难免会有我们操作中无意漏掉的几个字、几句话，这都可能对你已经精心排好的版面造成极大影响，会浪费你很多的宝贵时间去重新调整，同时也会带来巨大的经济损失。

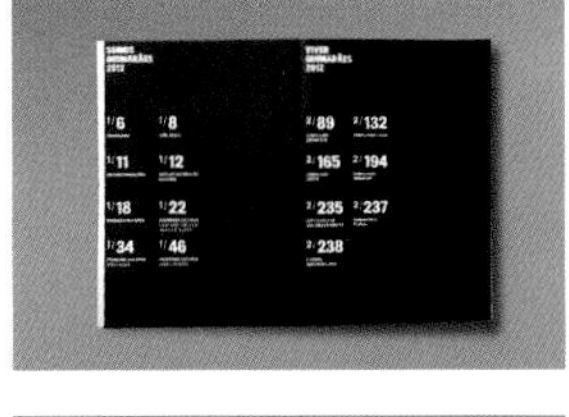

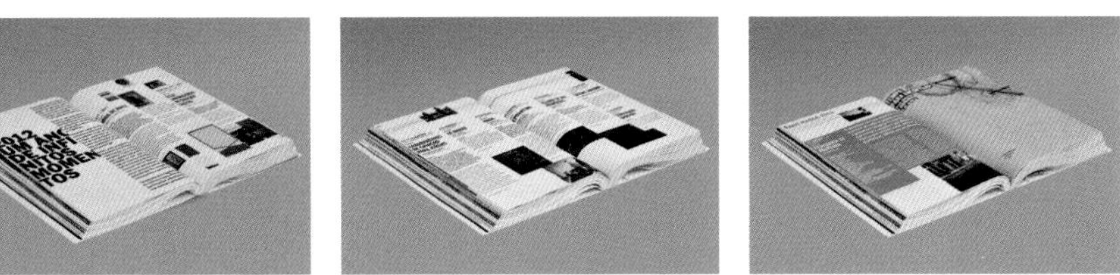

四、文字表达

俗话说“字如其人”，不同的字体会传递出不同的气质、情感给读者。上文谈到设计师要培养字体的敏感度，正是要针对不同字体所表达出的“风格”“气质”来适应不同的设计内容。

1. 楷体

楷体盛行于唐朝，经过一千多年的发展，无数书法大师的锤炼，使楷体字成为非常成熟，使用普遍的字体，每一个字都经得起推敲，具有很强的文化气质，因此在具有文化感和传统味内容的设计中可以使用。

2. 宋体

这是在北宋雕版印刷字体的基础上发展而来的。“粗宋”体端庄典雅，一般用于书名或印刷物的标题文字，给人以大方、典雅、厚重、朴实的感觉。“仿宋”体是介于宋体与楷体之间的书写字体，最初始于雕版印刷书本正文中夹注的小字，字形细而略长，以示同正文的区别。仿宋体采用宋体字的结构楷书的笔法，笔画粗细一致，起收笔顿挫明显风格挺拔秀丽。

3. 黑体

黑体字的产生与 19 世纪初菲金斯（英国）设计的无衬线体是分不开的，后被传播到日本。形成汉字的黑体字约为 19 世纪末，是一种现代字体，刚挺稳重，有力醒目，但稍显笨重粗糙。后来发展的“等线”体却精致耐看，有现代小资的感觉，低调不粗俗，自成一派。有些字体在设计中尽量少用或避免使用，如文鼎的新字库里稀奇古怪的字体，非常粗俗。然后就是综艺体、中行书、隶书之类的电脑字体，粗糙难看，气质很差。

在此介绍几款正文中比较常用的中文字体。

宋体（标宋、书宋、大宋、中宋、仿宋、细仿宋、兰亭宋）；

黑体（中黑、平黑、细黑、大黑）；

楷体（中楷、大楷、特楷）；

等线体（中等线、细等线）；

圆黑体（中圆、细圆、特圆）。

这些字体字体的选择关键在于情感表达准确，文本内容与文字气质的契合度。标准的基础字体，虽然普通但很耐看，适合阅读，一般图书的内文都用这些字体。

字 字 字 字 字 字

厚重 ←——————————→ 轻盈

字 字 字 字 字 字

厚重 ←——————————→ 轻盈

幽默　幽默

风趣 ←——————————→ 严肃

经典　经典　经典

古典 ←——————————→ 现代

飘　飘　飘　飘

圆润 ←——————————→ 刚健

不同字体的情感表达对照

训练项目一：儿童图书的字体设计

任务 1：草图构思

（1）任务描述：卡通风格书籍基本字体设计。

（2）任务分析：色彩明快、字体活泼、富有趣味性。

（3）任务目标：训练字形、结构、装饰角的设计方法。

（4）任务评价：符合儿童阅读习惯、具有一定审美性。

任务 2：电脑编排

（1）任务描述：基础字体的编排设计。

（2）任务分析：重视电脑显示效果与实际输出效果差异化。

（3）任务目标：运用软件文字编排的控制能力、工具使用能力。

（4）任务评价：准确完成基础字体的编排。

训练项目二：诗歌书籍的字体设计

任务 1：草图构思

（1）任务描述：富有韵律的诗歌基本字体设计。

（2）任务分析：字形严谨、富有变化、符合构成的基本规律。

（3）任务目标：训练理解、分类、粗排的设计方法。

（4）任务评价：具有可读性与较高的艺术性与设计感。

任务 2：电脑编排

（1）任务描述：基础字体的编排设计。

（2）任务分析：重视电脑显示效果与实际输出效果差异化。

（3）任务目标：训练诗歌类书籍基础字体的粗排、精确细排、校对的设计程序。

（4）任务评价：逻辑清晰、情感表达准确、编排精细。

模块二　插图在书籍设计中的应用原则与方法

在书籍装帧设计中，插画的形式是多种多样的。无论你用哪一种，都是出于设计者根据图书内容的特点去考虑。目的是适合读者的阅读心理，让读者更容易理解书中内容。因此，运用好装帧设计中插画的，就需要在设计中考虑文字内容与插画的协调感，让插画能够与文字内容相符，并且更有利于读者的阅读。

插画使得书籍装帧更具有文化的艺术气息，能够让书籍中的内容表达更为直白，进一步拉近作者与读者之间的距离，通过文字与图画达到思想与情感交流的目的。

书籍设计：Victionary

一、插图设计

1. 插画兼具实用性与审美性

插画作为书籍中的主要目的，是帮助读者理解书中的内容。因此，插画必须具有实用性。插画的实用性一方面表现在插画要符合书中的内容，文字所要表达的内容需要读者阅读之后依靠自己的想象力来加以理解，有一些晦涩难懂的内容则难以单凭文字传达给读者，这时就需要依靠插画来将内容直白地展现给读者。另一方面，插图也应该是简洁的、升华的，使作者的心理情绪、情感思维能够通过插图表达出来，从而最直观的实现插图的价值。同时，插画作为一种常见的艺术形式，也要具备审美性。一幅具有美感的插画，能够激发读者的阅读兴趣，让读者能够更容易发现书籍的益处，只有在插画符合读者审美要求的情况下，才能够吸引更多读者。此外，书籍装帧设计中的插图代表了一种传递信息的方式，代表了当时人们的思想和审美。由此可见，插图在书籍装帧设计中既实用又美观。

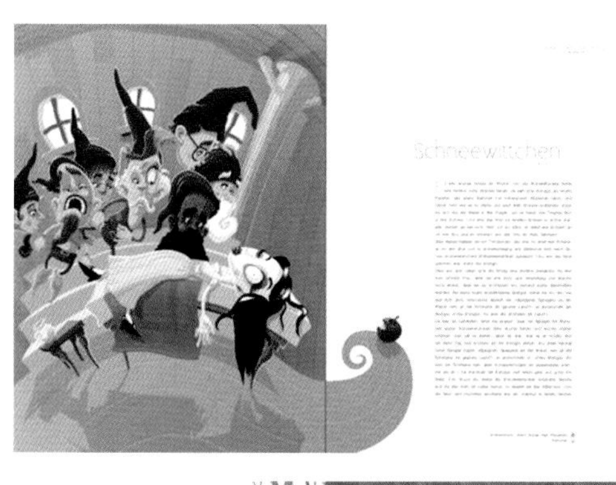

《格林童话》

书籍设计：Andreas Krapf

2. 插画兼具通俗性与艺术性

所谓的通俗性，就是指通俗易懂，也就是说，插画要能够让读者容易看懂。这是插画最基本的作用，插画的存在为的就是让读者能够更容易地了解书中的内容。如果插图太过深刻而无法理解，那么，它的存在就失去了最基本的意义。插画就是要能够在让读者读得懂的基础上进行创新，从而吸引读者。试问，如果书籍中的文字内容基本上可以被读者所理解，而插画却加大了读者对文字内容理解的难度，读者还会被插画所吸引吗？插画的存在自然也就没有了意义。插画所具有的艺术性，与插画的审美性基本是相通的。换句话说，插画作为一种常见的艺术形式，要能够具备最基本的审美艺术性，能够给读者以赏心悦目的效果，能够具有最基本的艺术价值，在读者的眼中形成一种独特的美感。其艺术价值也可以转换为商业价值，在商业活动中赋予书籍更多的竞争力，使得书籍装帧设计能够更加吸引读者的眼球，让更多的读者来购买、阅读这些书籍，在商业交流中，实现插画的艺术价值。

书籍设计：Deitch Projects

二、插图编排

插图在书籍设计中有多种多样的形式，以书籍为载体的插图相对于其他绘画来说，具有其独有的属性。其主要功能以辅助文字内容传达为基础。通常插画与文字交替出现在书籍装帧设计中。因此，在书籍装帧设计中，插图的应用要注意画面的大小、布局、插图与文字的协调、插图的文字注释以及细节的其他方面。画面的大小、可以根据书籍内容的需求，既能够保持所有插画尺寸全部一致，也可以根据实际情况调整大小；插画所占据的版面，要在保证与文字内容配合的情况下，尽量地美观、简约；插画与文字的配合，要能够使插画符合文字所体现出的内容，必要的时候，可以在插画的周围加入少量文字的注释，以便读者能够更为清晰地了解插画所要体现的内容。

1. 随文图的原则

就是插图通常排在一段文字结束之后，不要插在一段文字的中间，而使文章中间切断，影响读者阅读。在各种科技书籍中都有各种大小不同的插图。在安排插图时，必须遵循图随文走，先见文、后见图，图文紧排在一起的原则。图不能跨章、节排。通栏图一定要排在一段文字的结束之后，不要插在一段文字的中间使文章中间切断，而影响阅读。

第二单元/认识书籍

模块二　插图在书籍设计中的应用原则与方法

二、插图的编排方法

1.图随正文的原则是插图通常排在一段文字结束之后，不要插在一段文字的中间，而使文章中间切断影响读者阅读。一般在各种科技书籍中都有各种大小不同的插图。在安排插图时，必须遵循图随文走，先见文、后见图，图文紧排在一起的原则。图不能跨章、节排。通栏图一定要排在一段文字的结束之后，不要插在一段文字的中间使文章中间切断，而影响阅读。

2.当插图宽度超过版心的三分之二时，应把插图左右居中排，两边要留出均匀一致的空白位置，并且不排文字。即当插图的宽度超过版心的2／3(一般32开串文在8个五号字以下；16开版串文在10个五号字以下)时，插图不串文字且居中排通栏。在特殊情况下，如有些出版物，版面要求有较大的空间，即使图较小，也要排通栏。而多数期刊则要求充分使用版面，4个字以上即可串文。辞典等工具

第二单元/认识书籍

模块二　插图在书籍设计中的应用原则与方法

二、插图的编排方法

1.图随正文的原则是插图通常排在一段文字结束后，不要插在一段文字的中间，而使文章中间切断影响读者阅读。一般在各种科技书籍中都有各种大小不同的插图。在安排插图时，必须遵循图随文走，先文、后图，图文紧排在一起的原则。图不能跨章、节排。通栏图一定要排在一段文字的结束之后，不要插在一段文字的中间使文章中间切断，而影响阅读。

2.当插图宽度超过版心的三分之二时，应把插图左右居中排，两边要留出均匀一致的空白位置，并且不排文字。即当插图的宽度超过版心的2／3(一般32开串文在8个五号字以下;16开版串文在10个五号字以下)时，插图不串文字且居中排通栏。在特殊情况下，如有些出版物，版面要求有较大的空间，即使图较小、也要排通栏。而多数期刊则要求充分使用版面，4个字以上即可串文。辞典等工具书，为了节约篇幅，一般不留出空白边，图旁要尽量串文。3.当插图宽度小于三分之二时，一般的排版原则是插图应靠边排(图旁排有正文文字，故称

通栏图排在一段文字的结束之后

2. 随文图居中

当插图宽度超过版心的三分之二时，应把插图左右居中排，两边要留出均匀一致的空白位置，并且不排文字。即当插图的宽度超过版心的 2/3 时，插图不串文字且居中排通栏。在特殊情况下，如有些出版物，版面要求有较大的空间，即使图较小，也要排通栏。

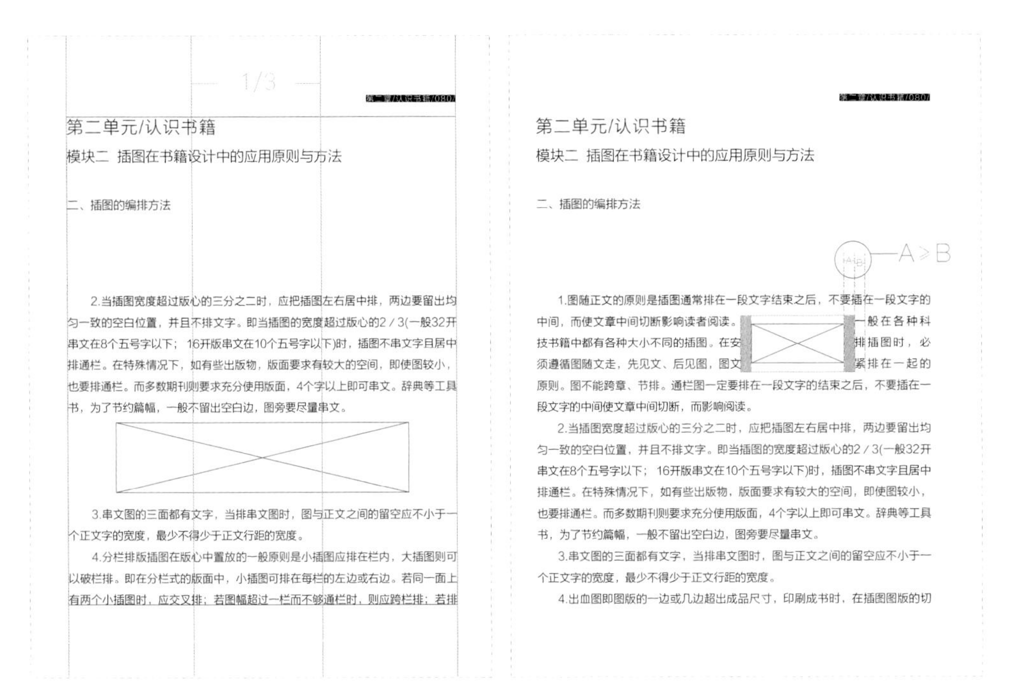

第二单元/认识书籍

模块二　插图在书籍设计中的应用原则与方法

二、插图的编排方法

2.当插图宽度超过版心的三分之二时，应把插图左右居中排，两边要留出均匀一致的空白位置，并且不排文字。即当插图的宽度超过版心的2／3(一般32开串文在8个五号字以下；16开版串文在10个五号字以下)时，插图不串文字且居中排通栏。在特殊情况下，如有些出版物，版面要求有较大的空间，即使图较小，也要排通栏。而多数期刊则要求充分使用版面，4个字以上即可串文。辞典等工具书，为了节约篇幅，一般不留出空白边，图旁要尽量串文。

3.串文图的三面都有文字，当排串文图时，图与正文之间的留空应不小于一个正文字的宽度，最少不得少于正文行距的宽度。

4.分栏排版插图在版心中置放的一般原则是小插图应排在栏内，大插图则可以破栏排。即在分栏式的版面中，小插图可排在每栏的左边或右边。若同一面上有两个小插图时，应交叉排；若图幅超过一栏而不够通栏时，则应跨栏排；若排

第二单元/认识书籍

模块二　插图在书籍设计中的应用原则与方法

二、插图的编排方法

1.图随正文的原则是插图通常排在一段文字结束之后，不要插在一段文字的中间，而使文章中间切断影响读者阅读。一般在各种科技书籍中都有各种大小不同的插图。在安排插图时，必须遵循图随文走，先见文、后见图，图文紧排在一起的原则。图不能跨章、节排。通栏图一定要排在一段文字的结束之后，不要插在一段文字的中间使文章中间切断，而影响阅读。

2.当插图宽度超过版心的三分之二时，应把插图左右居中排，两边要留出均匀一致的空白位置，并且不排文字。即当插图的宽度超过版心的2／3(一般32开串文在8个五号字以下；16开版串文在10个五号字以下)时，插图不串文字且居中排通栏。在特殊情况下，如有些出版物，版面要求有较大的空间，即使图较小，也要排通栏。而多数期刊则要求充分使用版面，4个字以上即可串文。辞典等工具书，为了节约篇幅，一般不留出空白边，图旁要尽量串文。

3.串文图的三面都有文字，当排串文图时，图与正文之间的留空应不小于一个正文字的宽度，最少不得少于正文行距的宽度。

4.出血图即图版的一边或几边超出成品尺寸，印刷成书时，在插图图版的切

插图宽度超过版心的三分之二时，插图左右居中排，两边留空白面积相等，且不排文字。

图与正文之间的留空大于等于正文字的宽度。

而多数期刊则要求充分使用版面，4个字以上即可串文。辞典等工具书，为了节约篇幅，一般不留出空白边，图旁要尽量串文。

3. 串文图

三面都有文字。当排串文图时，图与正文之间的留空应不小于一个正文字的宽度，最少不得少于正文行距的宽度。

4. 出血图

即图版的一边或几边超出成品尺寸，印刷成书时，在插图图版的切口处要切去 2 ~ 3cm。排出血图的目的是为了美化版面，同时还可使画面适当放大，

第二单元/认识书籍

模块二　插图在书籍设计中的应用原则与方法

二、插图的编排方法

4.出血图即图版的一边或几边超出成品尺寸，印刷成书时，在插图图版的切口处要切去2--3cm。排出血图的目的是为了美化版面，同时还可使画面适当放大，便于欣赏。这种版面在期刊、画册及儿童读物中使用较多，可避免呆板单调，提高阅读兴趣。排出血图时，应当了解该书的成品尺寸，一般以超过切口3mm为宜。

出血图示意

便于欣赏。这种版面在期刊、画册及儿童读物中使用较多，可避免呆板单调，提高阅读兴趣。排出血图时，应当了解该书的成品尺寸，一般以超过切口 3mm 为宜。

5. 超版口图

超版口图是指边沿超出版心宽度而又小于成品尺寸的图版。超版口可以是一边超出，也可以是两边、三边或四边超出。超版口图在成品裁切时，以不切去图为标准。因此，为保证图面的完整，图的边沿距离切口应不小于 5mm。超版口图如果占去书眉和页码的位置时，该版可不排书眉和页码。使用超版口图有两种情况：一种是为了美化版面而有意设计成超版口图，另一种是由于图幅较大，而不得不采用超版口的方法来解决。有意设计的超版口图，多排在切口一边的上角或下角。

在排版中的图和正文难于靠近时，可用以下方法处理：当正文排到版下角，遇到插图时，同一面上已无空间，则会出现若先排图，正文会排到下一面；先排正文，图就要排到下一面。在此情况下，如果这两版是对照版（双码跨向单码），即不需要翻页就可看到图和正文，则可以接排。当从单码跨向双码时，就应尽量避免图文分离过远。

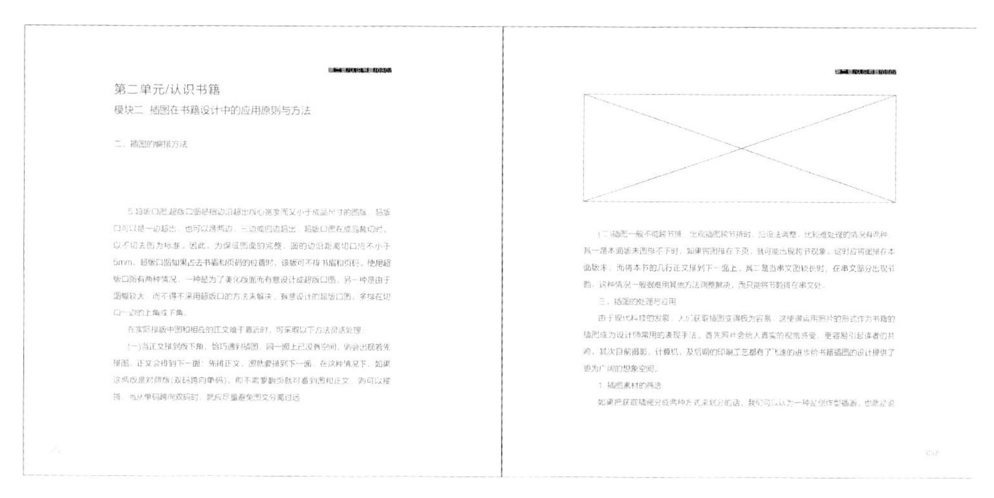

双码跨向单码图形编排示意

三、插图应用

由于现代科技的发展，人们很容易获得插图，这使得运用照片的形式作为书籍的插图成为设计师常用的表现手法。首先照片会给人真实的视觉感受，更容易引起读者的共鸣，其次目前摄影、计算机、后期的印刷工艺都有了飞速的进步，给书籍插图的设计提供了更为广阔的想象空间。

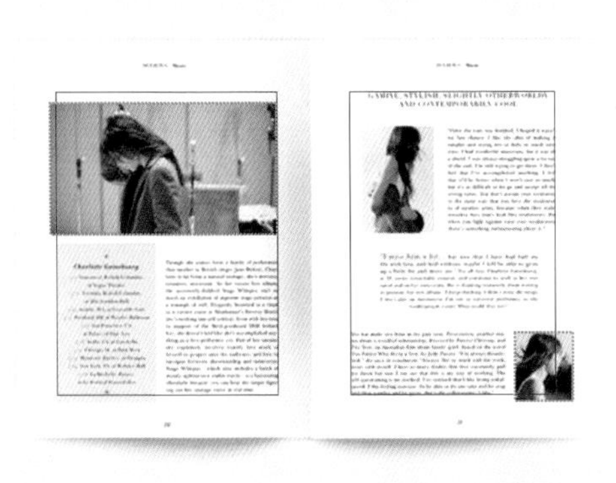

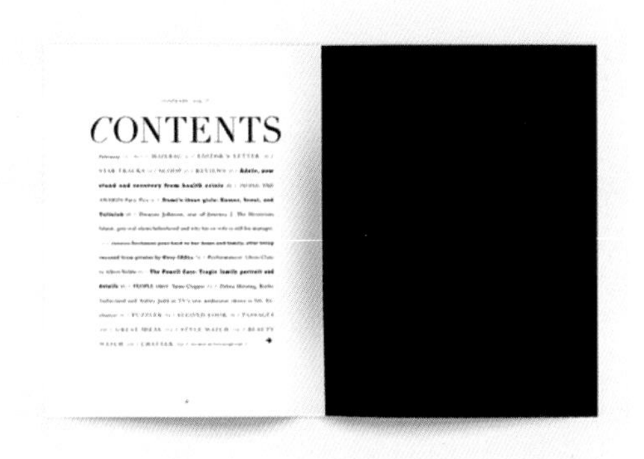
CONTENTS

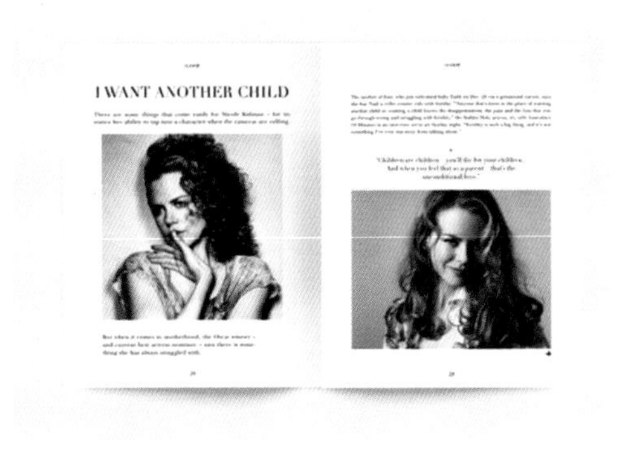
I WANT ANOTHER CHILD

PEOPLE
PEOPLE
PEOPLE

TINKER, TAILOR, SOLDIER, SPY, CURLY WURLYS, AND OSCARS WINNER

PEOPLE

《PEOPLE》杂志内页超版图处理方式

1. 插图素材的筛选

如果把获取插画分成两种方式来划分的话，我们可以将插图分为创作型插图和在创作型插图两种形式。其中创作型插图是指设计师根据书籍的具体内容运用绘制、制作等手段创造出适合的插图。而另一种是再创作型插画，也就是说设计师可以根据书籍的内容对现有的素材（可以通过购买照片或拍摄照片等多种形式获取）进行筛选再创造，使其符合该书内容的整体气质。前者笔者在插画设计原则中有详细阐述，这里就不过多介绍。后者是利用现有素材作为书籍插图往往会被初学者忽略。很多刚接触书籍设计的设计师会认为选择素材是一件很容易的事情而并不引起重视，这样的观点会严重影响成书的整体设计质量。在这里笔者介绍几个插图素材筛选的注意事项。首先，照片作为插图的一种形态，决定了设计师在筛选插图时一定要根据内容选择适合的插图。第二，照片作为一种独立艺术形态，它自身也有构图、色彩等设计元素，设计师要考虑照片本身的构图与色调是否适合书籍版面的构图与色调。第三，如果一本书内有多张照片被用作插图，同时要考虑照片之间的逻辑关系与整体性设计。

2. 插图素材的技术要求

书籍设计中常用的图像处理软件有 PhotoShop，Illustrator，Indesign 等，插图的色彩模式有灰度（Grayscale）、RGB、CMYK 等模式以及其他色彩模式。印刷成书籍的设计图像色彩模式，最好采用 CMYK，这样在屏幕上显示的颜色与输出打印颜色或印刷的颜色是最接近的，印刷出来的成品也不会有太大偏色。

如果图像是黑白的，用灰度模式较好。因为用 RGB 或 CMYK 色彩模式表达的图像，仍然是中性灰颜色。若在印刷中将灰度图像使用了 CMYK 模式，那么出菲林及印刷时则会有四个版，不仅增加了费用，且印刷灰平衡控制不好会产生偏色。

在挑选插图中，除了要注意色彩模式等问题外，图像的分辨率也是印刷类书籍的重要指标。只有合适的分辨率才能保证成书的完美呈现。分辨率的概念是指单位面积内有多少像素点的平方，所以谈到分辨率前提是要注意插图的尺寸，只有相同尺寸的两种插图分辨率的概念，才会表达插图清晰度的标准。

3. 插图素材的再创造

在很多情况下，设计师根据书籍的内容而选择的插图素材，并不能完全表达设计的初衷，或由于客观条件的限制，设计师可选择的插图素材受到甲方或其他因素的限制，这时，就需要设计师根据现有素材进行再创造、再发挥。

第一，用裁切方式获得适合的内容。

第二，用合图的方式获得适合内容。

第三，用调色方式获得适合内容。

训练项目一：期刊类版式

任务 1：草图构思

（1）任务描述：杂志类书籍插图的编排设计。

（2）任务分析：合理运用插图的编排方法，重视信息传递的连贯性。

（3）任务目标：练习插图的编排方式，掌握插图的造型设计原则。

（4）任务评价：符合杂志的典型特征、版面活跃、条理清晰。

任务 2：电脑绘制

（1）任务描述：杂志类书籍插图的编排设计的上机操作。

（2）任务分析：重视电脑显示效果与实际输出效果差异化。

（3）任务目标：软件绘图能力、工具使用能力。

（4）任务评价：准确完成从草图到电子稿的转换，符合输出要求。

训练项目二：艺术类插图

任务 1：草图构思

（1）任务描述：艺术类插图设计。

（2）任务分析：色彩富有节奏、线条准确、富有构成感。

（3）任务目标：对图形的处理、提炼、概括与设计感表达。

（4）任务评价：符合构成的基本法则并富有创意。

任务 2：电脑绘制

（1）任务描述：图形的适量绘制。

（2）任务分析：重视电脑显示效果与实际输出效果差异化。

（3）任务目标：软件绘图能力、工具使用能力。

（4）任务评价：准确完成插图的绘制。

模块三　色彩的应用与方法

色彩是人们观察物像最先感知的元素，书籍亦是如此。具有视觉冲击力的色彩搭配在书籍的销售环节起到至关重要的作用。一本书的色彩就像一个人的服装色彩一样，既要合乎身份和个性，又要引起回眸关注，因此色彩语言是书籍市场语言的重要组成部分。设计者不但要更多地考虑色彩规律，追求色彩的艺术效果，追求协调与高雅的完美结合，还不能忽略了人们对流行色彩和欣赏审美变化的需求。

一、色彩搭配

恰当的色彩搭配有助于内容的传递与表达，用不同色彩来表达不同的内容和思想是为书籍设计中色彩的使用原则。在对比中求统一协调，以间色互相配置为宜，使对比色统一协调。书名的色彩要有一定的分量，与其他色彩的对比度不够，就不能产生夺目的效果。另外除了绘画色彩用于书籍设计，还可用装饰性的色彩表现。文学和艺术书籍的颜色不一定适用于教科书，教科书和理论书籍的色彩不适合儿童读物。辩证意义的色彩

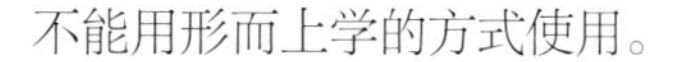
不能用形而上学的方式使用。

二、色彩倾向

1. 儿童读物

一般来说，设计幼儿刊物的色彩要针对幼儿娇嫩、天真、可爱、单纯的特点，色调往往处理成高长调，一方面体现了儿童对大千世界的好奇，另一方面能够使读者对书中所描绘的事物产生极大兴趣。蓝、黄、橙、粉红、极淡绿色、黄绿、绿蓝奶油色都是少儿读者群所喜好的色彩。

儿童类读物

2. 女性书刊

女性对色彩的最具敏感度，各个年龄段的女性对色彩的偏好都不同：

20 岁的女性喜好黄、白、橙、红、黑、浅蓝、奶油色、金丝雀色、黄绿、暗褐等颜色；

30 岁的女性喜好白、黄、浅蓝、绿、奶油色、黑、粉红、红、橙等颜色；

40 岁的女性喜好白、橙、红、黄、奶油色、浅蓝、黄绿、粉红、极淡绿、黑等颜色；

50 岁的女性喜好白、黄、极淡绿、奶油色、粉红、极淡蓝绿、浅蓝、黄绿等颜色。女性书、刊的色调设计，可以按女性的特征去选择，即温柔、妩媚、典雅的色彩系列。

女性类书籍

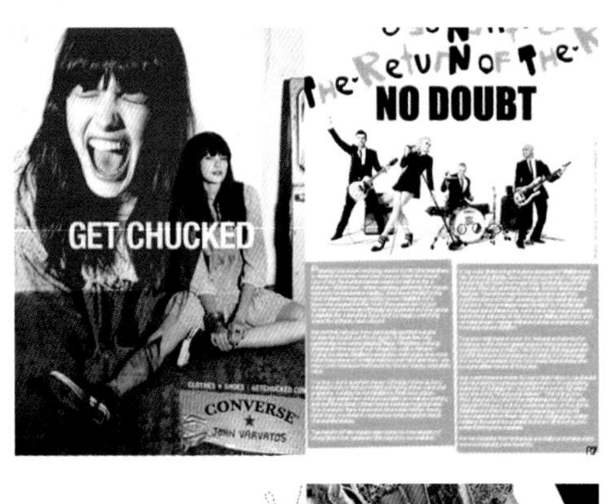

3. 体育杂志

喜爱运动的人群皆追求健康、刺激、挑战。所以体育类杂志的色彩设计就要有刺激、对比，追求色彩的视觉冲击力，以此迎合这类人群的情感共鸣。可运用低长调的色彩设置，考虑的颜色均在蓝——红、橙——紫等范围之内。

体育类书籍

4. 艺术类书籍

艺术类书、刊的色彩要求具有丰富的内涵，一定要有深度，避免轻浮和媚俗。这类图书的色彩设计要根据不同的艺术门类，不必太过于强调色彩之间的协调。例如民间艺术的书籍，可选用极差对比的红——绿，以此强调民间艺术的原始以及热情；以建筑

艺术类书籍、书籍设计：韩家英

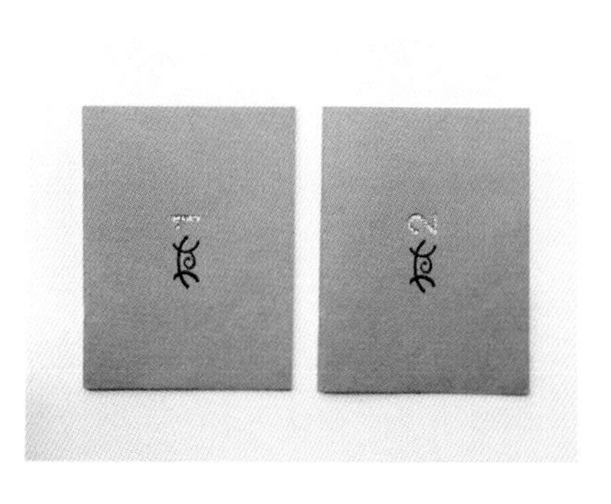

艺术为主的书籍可选用黑、白、灰，用以强调建筑艺术和设计上的科学性等。而一些艺术类图书为突出书籍设计的独特性，常使用大面积的色块和小面积的色彩对比，甚至在封面上布满了高纯度的颜色。

5. 科普书刊

科普类的图书、刊物，在使用色彩上要强调神秘感；而时装杂志的色彩则要新潮而有个性。两者皆可选用紫色，使之具有神秘、高贵、优美、庄重、奢华的气质。有时也具备孤寂、消极的感情色彩。尤其是较暗或含深灰的紫，易给人以不祥、腐朽、死亡的印象。但含浅灰的红紫或蓝紫色，却有类似太空、宇宙色彩的幽雅、神秘之感，为现代

科普类书籍《江苏植物志：第 2 卷》书籍设计：赵清

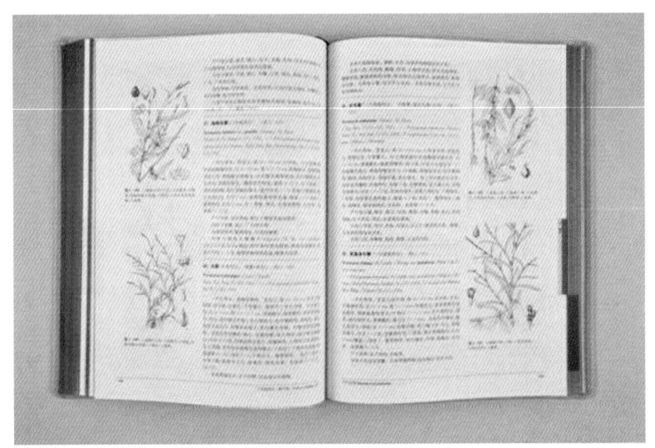

科普类书籍《黟县百工》书籍设计：杨韬

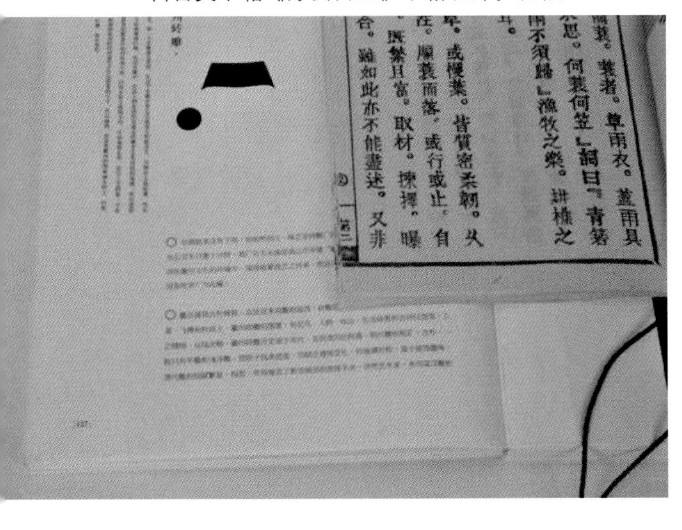

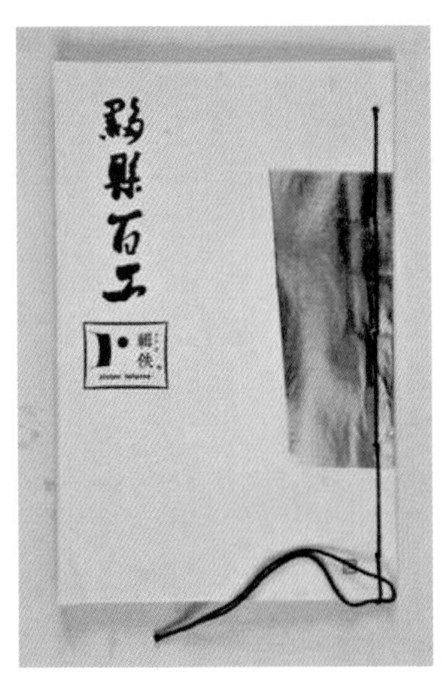

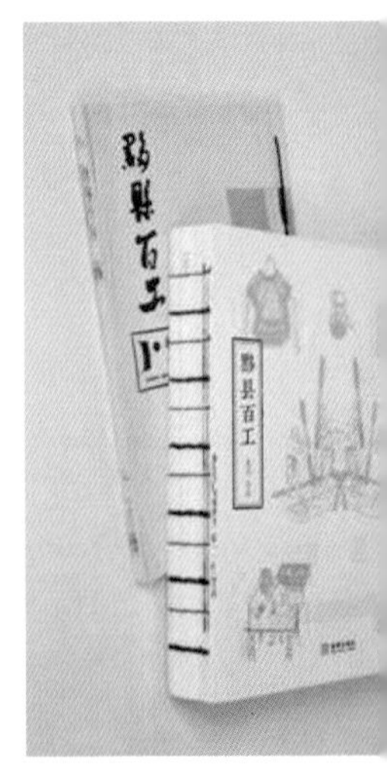

生活所广泛采用。

专业类学术杂志的色彩就需要端庄、严肃、高雅，体现出严肃的学术性和权威性，不宜强调高纯度的色相对比。

三、色彩表达

刚刚笔者针对类型的书籍对色彩的搭配做了简单的梳理，有些以偏概全的意味。对读者来说，这只是为了参考。诚然，一本好的书籍设计中的色彩是千变万化的，也没有绝对的原则对错。对于一个主题的书籍设计色彩的设计，搭配还要考虑纸张机理、印刷工艺、阅读环境等更多的细节因素。

众所周知，读者在阅读纸质书、刊的过程中，对色彩的敏感是由书本身带来的。也就是说，设计师在色彩设计的过程中要时刻关注成书后读者心理的色彩感受，而不是显示器中所看到的颜色。而实体书的产生过程是通过印刷将电子稿件转化为实体书籍。所以印刷技巧也同样是设计师在设计色彩的表达手段。比如，在印刷中是否可以选择有色的“特种纸”来代替油墨印色。又如，是否可以选择“专色”的调色方式直接印刷。当然，还可以运用半透明类特种纸张的属性，叠加出新的色彩效果。总之，版面色彩的运用方式是多种多样的，另外，设计师还可以尝试其他各种方法来处理书籍中的色彩表达。

设计经验提示：

设计师在选择字体完成设计作品的注意事项

设计师在选择字体完成设计作品的过程中，要注意字体的情感表达及字体本身的美感传递。要善于运用常用字体：无论是宋体、黑体、楷体等及各种字体中之系列，这些标准的基础字体看似普通，但都是读者耐看的字体。所以各种书籍设计中，都以此作为常用字体。

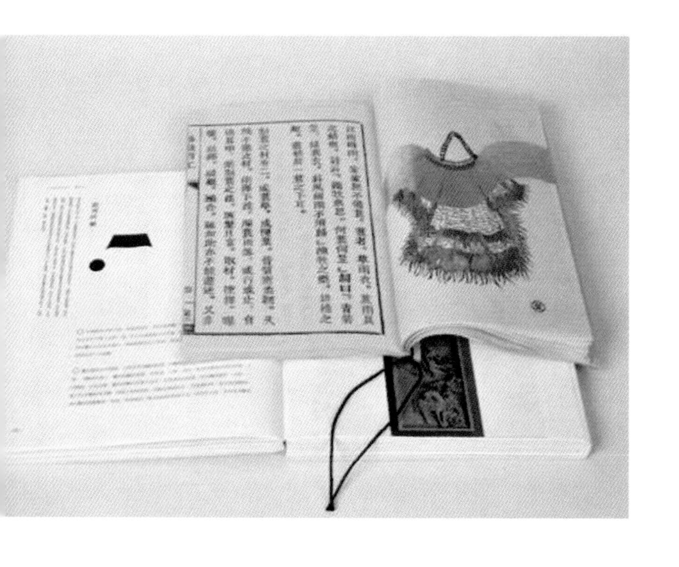

知识链接

常用印刷字体体征分析

宋体：是为适应印刷术而出现的一种汉字字体。笔画有粗细变化，而且一般是横细竖粗，末端有装饰部分（即“字脚”或“衬线”），点、撇、捺、钩等笔画有尖端，属于衬线字体（sans serif），常用于书籍、杂志、报纸印刷的正文排版。宋体是生而俱来的印刷体，产生于雕版，成型于明朝。

黑体：黑体字又称方体或等线体，没有衬线装饰，字形端庄，笔画横平竖直，笔迹全部一样粗细。汉字的黑体是在现代印刷术传入东方后依据西文无衬线体中的黑体所创造的。

楷体：楷书也叫正楷、真书、正书。由隶书逐渐演变而来，更趋简化，横平竖直。《辞海》解释说它“形体方正，笔画平直，可作楷模”。这种汉字字体，就是现在通行的汉字手写正体字。

第三单元

掌握书籍

模块一　版式设计

一、封面扉页

书籍装帧设计中的封面、扉页和插图的设计，是书籍整体设计的三大设计要素。

封面设计是图书装帧设计的脸面，它是通过艺术形象设计的形式，反映了设计者对书籍内容的一定意义上的理解与表达。在当今各式各样的书海中，书籍的封面起了一个无声推销员的作用，封面设计的成败在一定程度上将会直接影响人们的购买欲。

封面设计由三个要素组成：图形、色彩和文字。设计者应根据书籍的性质、目的和读者对象，有机地将这三者有机地结合起来，以体现本书内容的丰富性。该文字的设计是由对整个书籍的设计内容、读者对象和封面装帧风格来安排选定的。封面文字字体样式、大小、疏密，同样也是书籍封面的点睛之笔。书籍封面设计中的文本设计也具有审美功能。

书籍封面的文字处理

创意美观的文字设计能使读者愉悦，读者还没有进入阅读阶段就被它所吸引，起到传情达意之效果，成为视觉盛宴。在封面设计中，设计师绝不能随便将一些字体，简单地放在封面上，这样的结果只按规定的顺序去传达信息， 却不能给人一种艺术享受，不能充分表现书籍的思想内涵和艺术品位。这样的设计是失败的，没有生命力的，对读者也是一种不负责任的行为。

二、目录

在早期的书籍装帧时期，书籍的目录部分并不在美编人员的设计范畴。当时对于书籍的设计将更多的注意力放在书籍封面的设计中，从而忽略了目录的设计与创新。在当今的书籍设计中，目录不单单是具备满足读者检索整本书籍信息的基本功能，同时还具有版面的审美需求与风格表达的使命。由此可见，目录的文字设计与创新，同样是书籍设计中的重要环节，不可忽视。

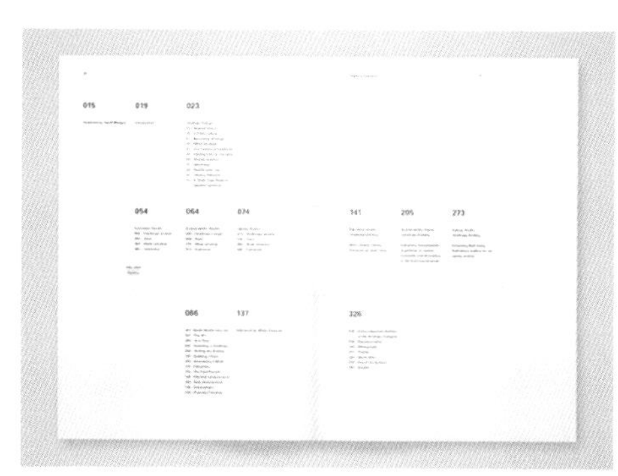

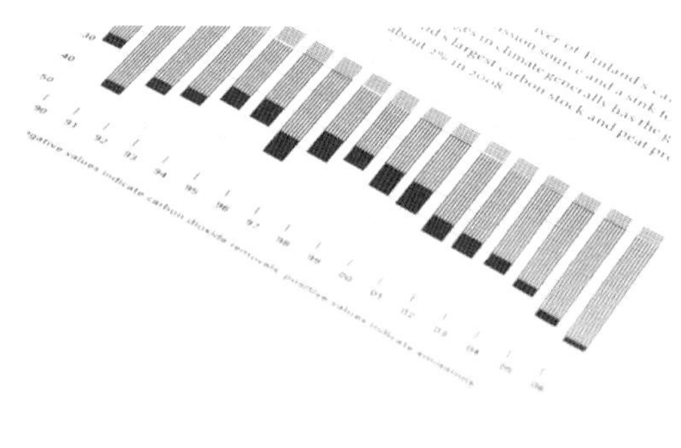

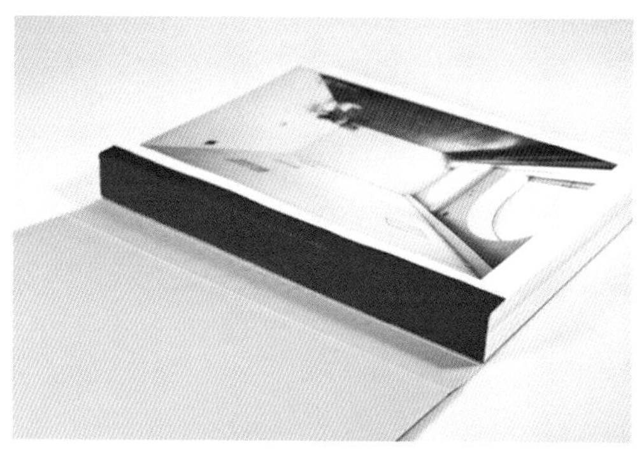

目录的编排设计、书籍设计：HDL Studio Model

1. 目录页分类

目录页的主要功能是方便读者查找书中内容。所以目录的逻辑与层次表述非常重要，这就需要设计师根据目录的内容按照层级分明、编排准确的原则进行目录页精心设计。

A. 层次分类

这是一般教科书常用的目录内容分类法。为了读者把握知识点，内容分类上存在着逻辑关系，它的优点是在目录标题层次较多的情况下，还能够清晰地表达标题内容间的递进、并列、衔接等关系。

B. 类别分类

目录标题之间以并列的关系出现，是目录内容按类别分类的基础，这种分类方法可以灵活应用，把一类事物或有某种联系的事物放在一起介绍，标题内容之间不具备递进关系，也没有必然的关联。如按节分类的书籍目录，按姓氏字母排序分类的书籍目录，按栏目分类的杂志目录等。

2. 形式构成原则

A. 字体

普通书籍正文一般采用 9~11 磅字，目录字体的大小往往与正文相同，章、节标题字体可适当大一些。

1. 文字的大小、轻重以及强弱变化会不同程度地体现版面的节奏和律动感。读者的检索目录，实际上是查找所需内容与页码之间的对应关系，所以，标题与页码是目录内容中两个最基本的元素。标题与页码的字体大小、位置关系以及颜色区分，都直接影响着目录页的识别性。

目录的编排设计、书籍设计：王海波

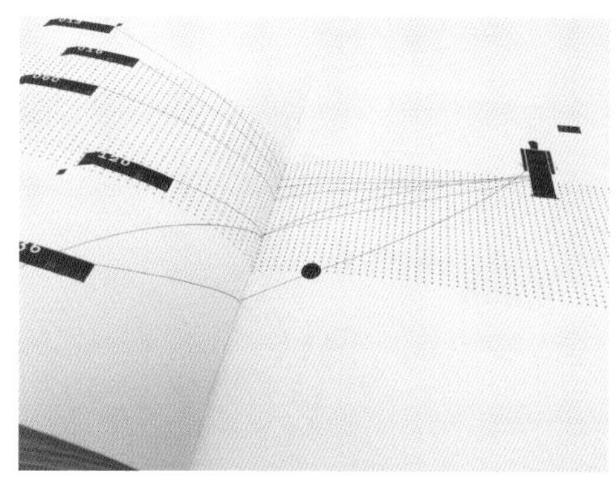

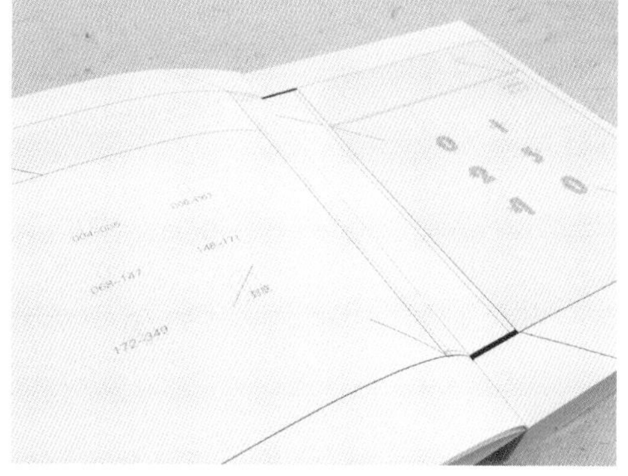

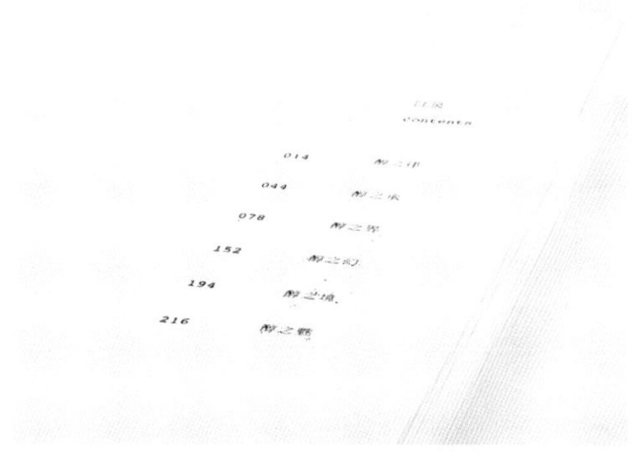

文本目录页可分为两种：传统文本目录页和新式文本目录页。传统文本目录页通常更重视满足读者对目录检索功能的要求，而新式文本目录页似乎在识别性上着力较多。在新式文本目录页中，每个标题与页码是作为一个整体出现的，“在对目录页进行编排之前，标题和页码的顺序需要先被确定。如果先放标题，则就将重点放在图书的目录上；如果把数字放在重要位置，就是将重点放在导航系统上”。

2. 设计者可以根据图书的需要，将页码标注在标题名的左边或右边，还可以改变标题与页码的字号、颜色等，以此来加强目录页的识别性。例如，在表现科学、严肃、权威性较强的书籍中，标题与页码大都采用相同字号，这时的标题与页码对读者的视觉力度是均等的，也是图书自身的内容所决定的。而在生活类或杂志中的书籍就可以夸张地设计目录中的标题与页码，用改变大小或颜色，来区分标题与页码的层次，这样的对比关系可以活泼版面，增强版面的视觉空间感，更突显了目录页的识别性。还可以根据目录标题内容层次间的缩格与页码的错位，加强目录章节的层次和页码的识别性。

B. 行距

行距的设置直接影响到目录页的版式布局。适中的行距会减少阅读困难和视觉疲劳。在现代的书籍设计中，目录的行距并没有一个绝对的标准设置。但通用的做法更多会根据书籍的开本大小、字体大小、内容风格等做出相对应的调整和设置。同时，更为注重版面空间的层次与弹性，为读者营造疏密有致的视觉效果。例如根据各级标题层级间的行距变化，让整个版面更为活跃又富有逻辑。

C. 位置

目录页版心的大小及位置将确定整个版面的比例关系。通常涉及到其平衡关系，主要指版心位置居中的布局，强调版面的和谐与稳定；另一种是失衡关系，指文字集中到一边，强调目录内容与整个版面空间的对比效果。有居中版式、偏左版式、偏右版式等。

三、版心

1. 版心

版心是页面的主要内容。是每一页中间的位置，也称节口。在民国之前与现代有着不同的排列和装订方法。古籍里的版心又称“叶心”，即“心”，指古籍书叶两半叶之间、没有正文的一行。为折装整齐，版心多刻有鱼尾、口线等。为方便检索，经常记有标题，卷数，页码，每卷的文字名称。因为这条线在两个版本的中心，故称版心。在不同的时候，由于书籍以不同的方式装订，版心朝向也有所不同，如版心朝内的蝴蝶装，版心朝外的包背装。在现代意义上的书，版心是指文字和图表的位置，一般在一个页面的中心。

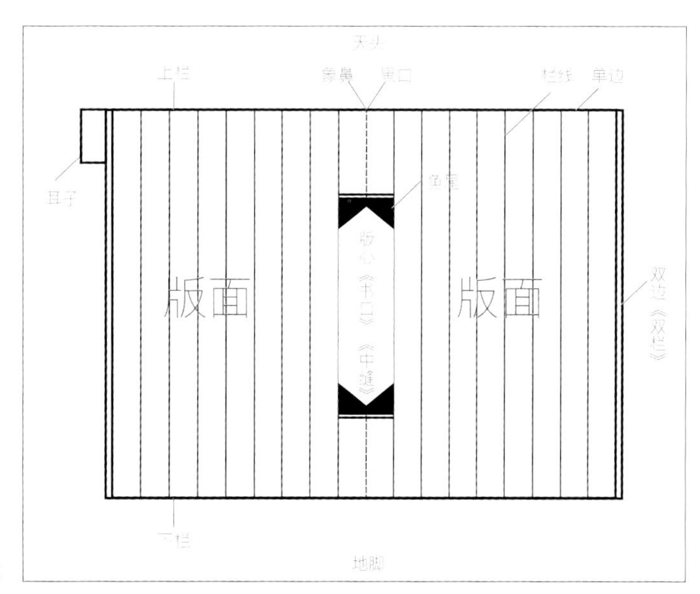

古籍版心示意

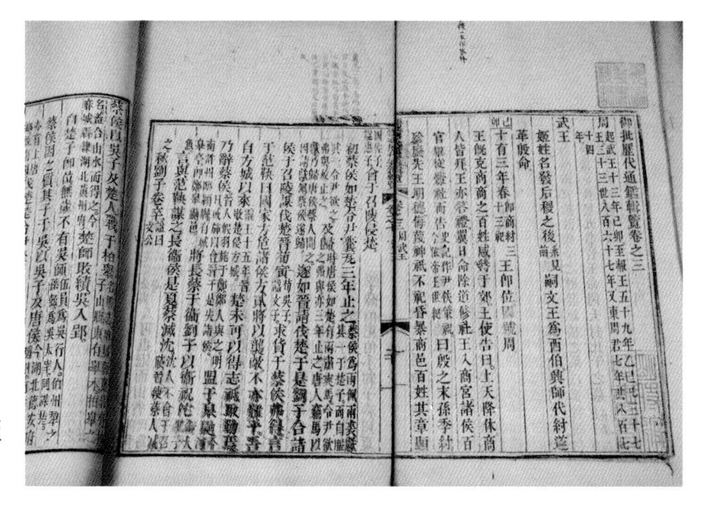

清代雕版

《御批历代通鉴辑览》

2. 空白

理论书籍的白边需要留大一些，给读者在空白处做书写和批注。科学技术类的书籍出版量小，读者少，成本高，白边应留得小一些。袖珍本、字典、资料性的小册子以及廉价书也要尽量利用纸张，白边也应留得小一些，至少应有 10mm 的宽度。精装本和纪念性文集用较宽的白边，这样也能增强书籍的贵重感和气派。从版面的和谐看，行距宽的也即疏排的版心，其白边要相应地宽一些，反之，密排地要窄一些。另外厚本书籍要注意内白边因弧形造成的减弱作用，要相应地加宽，注意不要使版心过于缩进订口处，否则，读者会用手去扒开隆起处，才能看到最里边的文字，产生阅读时的心里郁闷。

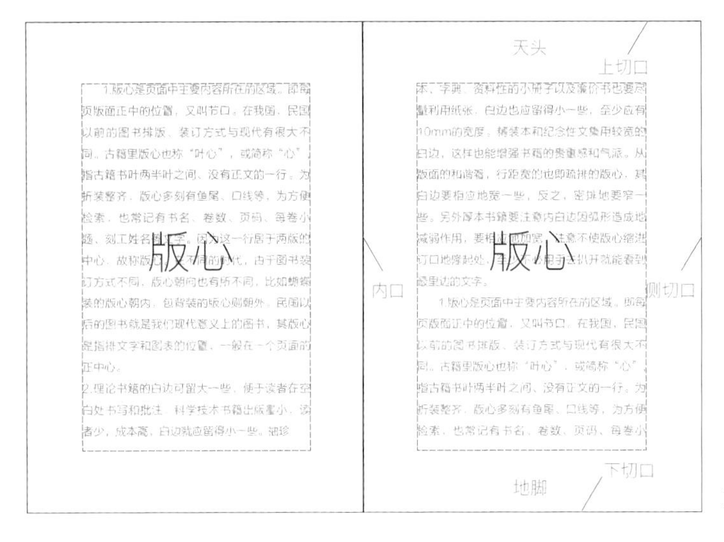

现代版心示意

四、页眉与页脚

1. 书眉

“页眉”一般指位于书籍版面天头等版心之外的空白处，独立于正文的文字，主要用于安排页码与章节索引的排版区域。一款好的页眉设计既能够帮助读者检索章节和内容，又能起到装饰版面、活跃版面氛围，同时，也是确立书籍设计基调的重要设计元素。所以书眉的功能应该特别加以重视。

书眉的表现形式因书籍种类不同而各有差异。有些书籍的书眉可能简洁、严谨，例如政治、理论、哲学等方面的图书。而有些书眉设计就相对活泼些，装饰性较强，如艺术、休闲、娱乐等方面的图书。也有些特殊的书籍没有书眉设计，比如少儿图书、宣传册、画册、杂志等。普通图书为便于翻阅，还是有书眉的。所以说书眉设计也必须重视，不可忽视。

反之，设计书眉的图书还能给人一种高档经典的心理感受。其实书眉设计属于一种“包装”艺术，合理恰当的书眉是书籍的一条亮丽风景线。它可以使书籍版式设计更具流畅性，提升版面的效果，使阅读更加舒适，而且书眉的小装饰，可以缓解阅读的疲劳感。所以说书眉的“包装”效果如何，也影响到版式设计的整体设计面貌。

A. 上端位置

书眉在版心的上端，单码居右，双码居左。一般是单页码排章题，双页码排篇题；如无章题，则单页码排篇题，双页码排书名。

B. 中间位置

书眉在版心的中间位置，在设计上须考虑到版面整体的效果，才能实施。由于书眉的位置处在版心的左右两侧，所以要和版心保持一定的间隙，留有精确尺寸的空白，不能影响到正文空间。空白间隙太大，使书眉和版心偏离，版面整体就觉得很不协调；空白间隙太小，就会使版心的空间受到压迫，容易使版面看起来拥挤。

C. 下端位置

书眉在版心的下端，书眉和插图编码连在图书的下切口处，使检阅更方便。书眉的文字是中英结合的形式，整体不显单调。

2. 页码

页码，即为书籍每一页面上标明顺序的号码：它能使书籍的页数连贯起来，便于读者查阅和阅读，起到指引的导航作用。页码虽然在版式设计中很微小，但是作用很大。不同页码的设计会带来不同的效果，从页码的形式设计来看，主要从下面两方面来分析：

A. 形态

页码的字体、字磅、色彩及形态，设计师可以从整本书籍的设计风格为依据进行多种变化与处理。常用的页码可以选择阿拉伯数字、汉字、罗马数字等多种形态。字体的大小通常与正文字磅数相同，也有书籍的页码字体由于特殊的设计要求单独设计。

B. 类型

页码位置与整体版面类型：一般图书的页码都放在版心下面靠近书口，与最后一行约空一个字的地方。也有的放在天头上面，还有的放在切口中间。页码设计始终不能脱离整体版面的风格，与整体的设计风格保持协调融洽。页码位置不同，表现的力度也不同。而页码设计的效果不同，在一定程度上会提升整体版面的风格，给人眼前一亮的感觉。

五、章节页的设计

章节页也称为独立页，在书籍的每一章开头单独设计的单页或是对页内容。章节页不仅具有导入、索引等功能，而且在阅读过程中起着视觉调节和休息的作用。当然，章页也有很强的装饰功能，好的版面设计对整本书的整体气质、风格的提升起着至关重要的作用。设计页面可以根据不同的内容使用不同的表现手法。

1. 章节页中的插图设计

插图作为书籍设计的重要组成部分，具有快捷、通用、强大、直观的内容传达特点，非常符合章节页的设计理念。所以市场上很多书籍的章节页多运用插图的表现手法。插图设计与编排的方法在前面章节中已有详细介绍。在这里笔者主要提醒读者，首先，章节页之前务必通读本章内容，并理解、编辑。无论何种形式的插图运用一定要从内容出发，切勿为了使用插图而插图。其次，要注意书中各章、页、插图的设计风格和统一规划。插图作为最直观的视觉表现形式，很容易影响整个书籍风格的设计。统一的插图设计对书籍的风格营造有着不同寻常的好处。最后，注意电脑绘图与印后加工的效果，如分辨率、色彩图案、尺寸等相关信息。确保设计者的设计思想能被准确地实现。

2. 章节页中的文字设计

文字是章节页面的重要组成部分，其重要性不言而喻。章节页文本的内容通常比目录页更为详尽。通常章节页中文字主要包括标题、内容和作者的观点。设计师在处理章节页中的文字可自成体系，如所有章节页标题、内容等文字可以根据其逻辑关系单独设计其字体、字磅、间距等。也可以将文字内容根据逻辑关系融入整本书的大的逻辑当中。具体用哪种方法要考虑整本书的逻辑层级的复杂程度及读者识别程度。过于雷同的字体、字距设计容易在阅读中产生单调、乏味之感，而过于多变、繁复的字体、字距设计会给人混乱、烦躁的阅读感受。所以具体的设计方法同样，应从内容的逻辑关系出发。

模块二　印刷知识

一、工艺流程

1. 设计电子稿件

设计师通过绘画、排版软件（Illustrator，Indesign）等，按照成品尺寸制作电子稿件。

2. 拼版

印刷拼版就是将一些已经完成好的单个文件拼成适合上机的印刷版面的过程。这是设计文件转化为发片文件（或发 CTP）最关键的印刷流程。

3. 直接制版

直接制版（direct-to-plate）是将已排版的数字页面文件由主计算机直接输出到激光制版机，免除了底片的制作，也称作 CTP（computer-to-plate）。

4. 印刷

印刷是指将文字或图片的电子文件制成印刷品。印刷有四种：凸版印刷、凹版印刷、平版印刷和丝网印刷。由于印刷方式，效果也不同。平版印刷又分为石印、珂罗版印、胶印等多种方法。胶版印刷也有多种胶印机，根据印刷的颜色，分为单色、双色、四色胶印机，同时也有双面印刷机。

5. 校对

校对是图书出版过程中不可缺少的一部分。要求在原有基础上消除不适当的印刷错误，并按照出版规格和要求，在实施过程中存在的问题，使之规范化，保证出版物的质量。校对一般最少要校三次，最后的印刷校对称为“清样”，也称为“付印样”或“付型（纸张）样”。对于美术设计校对，最主要的是修正“色样”。

6. 装订

装订方式可分为平订、骑马订、锁线订、胶订等类，现在一般较厚的书都采用锁线胶装。书壳形式分两种，即整料书壳和配料书壳。平装书也有采用塑料压膜的。精装书也有采用封面烫金工艺的。

二、开本

1. 开本的概念

开本是用全张印刷纸开切的若干等份，表示图书幅面的大小。开本以“开数”来区分。开数：指一全张纸开切成的纸页数量。如 32 开：被开切成 32 张纸。24 开：被开切成 24 张纸。40 开：被开切成 40 张纸。有不同的开切法。

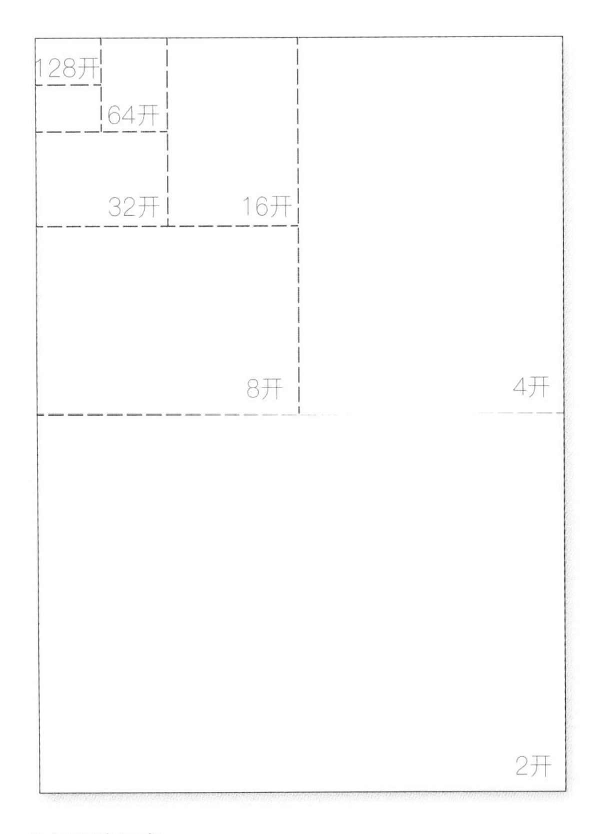

几何开法示意

2. 开本开切法

A. 几何级开切法

将全张纸按反复等分（对折）原则开切，可开出对开、4 开、8 开、16 开、32 开、64 开、128 开、256 开等开本。因其开出的开数呈几何级数（M ＝ 2 的 n 次方），故称为“几何级开切法”。

优点：开出的开数规整，纸张的利用率为 100%，便于用机器折页，如用于期刊的印刷装订联动线，且最经济合算。

缺点：开数的跳跃大，可选择性相对较差。

B. 直线开切法

将全张纸横向和纵向均按直线开切，可开出 20 开、24 开、25 开、36 开、40 开等。

优点：开数的可选择性相对较多，纸张的利用率为 100%。

缺点：某些开切数，会给印刷、装订带来不便，故印制周期较长，成本会较高。

96开
48开
24开
12开
6开
3开

直线开切法

C. 纵横混合开切法

这是将全张纸的大部分按直线开切法开切，另一小部分按单页开切。

优点：可开出上述两种开切法难以直接开出的所有开数，能适应畸形开本的需要。

缺点：纸张有不同程度的浪费问题，印刷、装订皆不便，生产周期长，成本高。

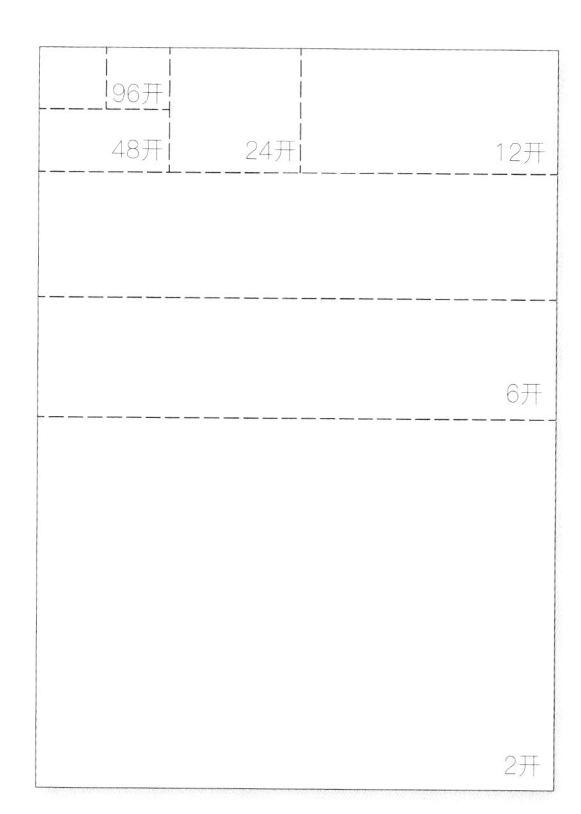

纵横混合开切法

3. 开本的选择原则

A. 根据图书性质种类选择

采用大开本图书：专辑，画册。常使用大中型开本书籍：经典著作和学术著作、大型工具、高等教育教科书、出版物等。采用中小型图书：通俗读物、中小学课本等。常采小型开本的图书：儿童读物、小型工具书、连环画等。

B. 根据图书的容字图量选择

容字图量较大的图书，多采用大中型开本；容字图量较小的图书，多采用中小型开本。

C. 根据图书的用途选择

如查检类、鉴赏类、藏本类图书多采用大中型开本；阅读类图书多采用中型开本；便携类图书，多采用小型开本。

4. "尺度"的气质表达

设计师在构思设计一本书之前首先要根据书籍的属性、内容、读者群体来规划开本的尺寸。但万物没有绝对，尤其在设计领域。任何项目的设计方案都不会是唯一的，更多的时候设计师通过书籍的综合设计来达到对内容的合理诠释。而一本书籍的"尺度"是读者拿到书籍的第一感受。就如我们看一个陌生人，第一感觉通常是"圆润""清瘦""魁梧"等。这也就是书籍设计中"尺度"的气质传递。一本气质与内容高度契合的"尺度"设计，会给读者留下深刻的印象，有利于信息的进一步传递。

三、纸张

纸张的产生历史渊远流长。"纸"作为古代中国的四大发明之一，给我国古代文化的繁荣提供了物质技术基础。目前，纸张仍然是印刷中最重要的承载材料。

纸张作为书籍设计的一种语言，是书籍设计的重要表现形式。不同纸张具有不同的性能和用途，而且纸张的质地不同，其印刷效果也不相同。即便是到了电子信息时代，纸材在书籍中的地位依然无可取代。

纸张只有选择得当，才能充分发挥其特色。设计中应考虑纸张的重量、厚度、质地、纹理方向等因素。印刷和装订也要考虑纸张的因素。

1. 纸张各种因素对书籍设计造成影响

A. 纸张的表面强度决定了纸张在印刷过程中的耐磨性、抗起毛起球性。为了达到清晰的印刷效果，油墨的粘度越高会产生更好的效果；如果纸张表面强度低，会产生掉粉、掉毛现象；油墨粘度低，容易使空白版弄脏。

B. 纸张的平滑度。纸张的平滑度直接决定着印刷品质。平滑度高的纸张在进行印刷时，能较好地与版面接触；平滑度低的纸张，印刷时容易造成印刷效果不均匀现象。通过加大印刷力量，可以减少平滑度较低的纸张印刷不清晰等现象。

C. 纸张的吸墨性。纸张对油墨的吸收，主要取决于纸张的密度。纸张纤维间的空隙越小吸墨性越低，反之亦然。吸墨性过高和过低都应避免。

D. 纸张的弹性和塑性。纸张在存储和使用过程中，会受环境的影响。如在外力的作用下，会产生敏弹性变形、滞弹性变形、塑性变形的过程。前两种是可逆性的，而后一种是不可逆性的变形。

E. 纸张中的水含量直接影响印刷品的质量。含水量过高，印刷后不易干燥，水分含量过低，纸张易受损害。由于纸张的含水量与周围环境有关，因此必须注意纸张的环境、湿度和温度。纸张的含水量的多少，直接影响印刷品的质量。

2. 选择纸张的实用原则

概括地讲，选择纸张应考虑用途、印刷效果、价格和方便读者、环保等几个实用方面。

A. 一般宣传广告可用低重量的白色报纸。而画报，日历等应考虑选择更好的纸张。特别是广告，好的印刷品可以达到事半功倍的效果。在现代书籍设计中，设计师可以在不同效果的纸张选择上进行不同的设计，它们的纹理差异可以形成丰富的视觉效果。

B. 从印刷效果上讲，不同类型的纸张吸墨程度、色彩和细节还原能力有很大差异，要对熟知纸张本身的特性以便对其进行选择。凡需要正、反面都彩印的产品，选择纸张时，要注意纸的厚度。低于 80 g 的铜版纸，可能出现透叠现象。另外，纸张的自身特点如自身特有的色彩和纹路，再加以适当的设计，经印刷会给人们不同的感受。

C. 从光亮度上讲，宜选用光亮度较低的纸，因为过于光亮的纸张会刺激读者的眼睛。采用亚光纸、布纹纸、蛋纹纸等可以避免这种现象，减少对读者视力造成的损伤，同时运用无光油墨，能增强阅读效果。

D. 从经济上讲，纸张选择要合理经济，尽量降低成本，避免造成不必要的浪费。在纸张的选择上，在力求达到设计方案预期效果的同时，选用造价相对低廉的纸张。

E. 从环保上讲，纸张的环保也越来越成为一个不容忽视的问题。特种纸与传统印刷中常规的卡纸、哑粉纸概念不同，一般分为花式纸和再生纸，前者为原生纸，后者为环保纸。对再生纸的研究运用是每位设计者的责任。

3. 常用纸张类型

纸张材料是书籍存在的物质形式。印刷用纸要按用途分为新闻纸、书刊纸、封面纸、币纸、包装纸等；按印刷要求又分为凸版纸、凹版纸、胶版纸等；按包装分又有卷筒纸和平装纸两种。实际常用纸张如下：

A. 新闻纸

俗称“白报纸”，主要用以印刷报纸、刊物和书籍。新闻纸纸面平滑，质地松软，吸墨性强，干燥快，具有一定的机械强度，印刷出来的图文清晰。

B. 胶版纸

初叫“道林纸”，质地坚实白净，因适合胶版多次套印彩色得名，用于书刊印刷。

C. 铜板纸

一种在纸面上涂染白色涂料的加工纸。质地光洁细密，供印刷书刊的插页、封面、画册等用。分单、双面两种。

D. 纸板

又叫“草板纸”，常用于做精装书的封面、里衬、书函、书壳等，工业部门也用做包装材料。

计算纸张的单位叫令，每令 500 张。令以下单位是印张，也称做“方”。一千个印张等于一令。

不同克重、类型的印刷用纸样张

四、印前

1. 出血设置

出血也是一种印刷业的术语。纸质印刷品所谓的“出血”是指超出版心部分印刷。版心是在排版过程中统一确定的文图所在的区域，上下左右都会留白。但是在纸质印刷品中，有时为了取得较好的视觉效果，会把文字或插图（大部分是插图）超出版心范围，覆盖到页面边缘，称为“出血图”。

印刷中的出血是指加大产品外尺寸的图案，在裁切位加一些图案的延伸，专门给各生产工序在其工艺误差范围内使用，以避免裁切后的成品漏白边或裁到内容。在印刷行业中由于裁切印刷品使用的工具为机械工具，所以裁切位置并不十分准确。为了解决因裁切不精准而带来印刷品边缘出现的非预想颜色的问题，一般设计师会在插图裁切位的四周加上 2 ~ 4 毫米预留位置“出血”来确保成品效果的一致。

在制作时分为设计尺寸和成品尺寸。设计尺寸总是比成品尺寸大，大出来的边是要在印刷后裁切掉的，这个要印出来并裁切掉的部分就称为印刷出血。出血并不都是 3MM，不同产品应分别对待。

A. 比如我们要做个成品尺寸要求 210mm × 285mm 文件，以 Adobe Photoshop 软件为例，我们做时就要做 216mm × 291mm。

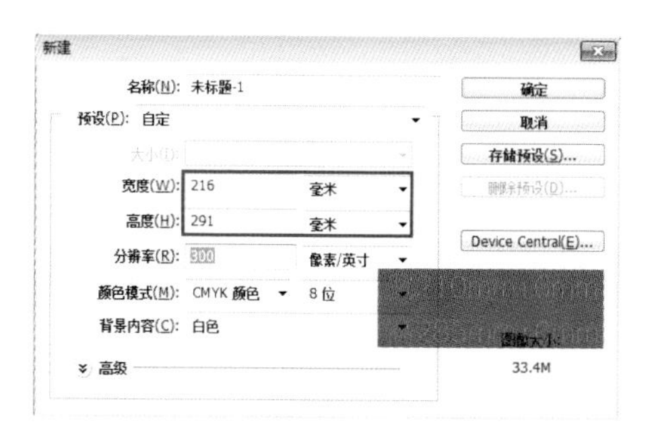

B. 按下 CTRL+R，调出标尺。鼠标右键在标尺上单击，将单位设置为毫米。

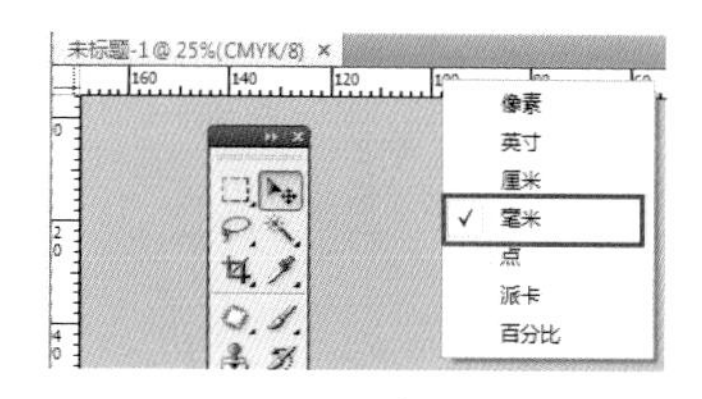

C. 执行“视图——新建参考线”，弹出下面的对话框，分别设置四条参考线的位置。

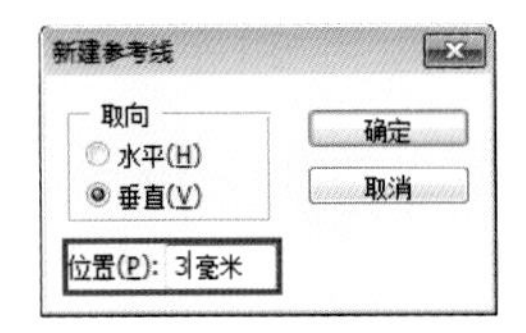

D. 执行“视图——锁定参考线”，将参考线锁定起来，然后就可以开始编排版面元素了。

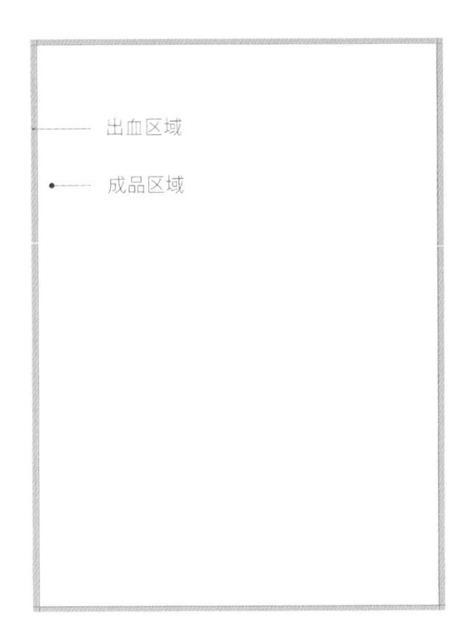

2. 色彩规范

A. 非专业的电脑屏幕颜色不准确，制作时务必参照CMYK色值的百分比来制作填色，印刷应以实际的印刷稿为主，以数码打样来印刷跟色只能达到90%左右。同一文件在不同的印刷方式下，色彩都会有轻微差异，咖啡色、墨绿色、紫色等更容易出现偏色。

B. 黑色文字和色块不能使用CMYK四色100来填色，这样容易造成沾花。四色色值相加，不易超过250。另外单黑K100可能印刷不够黑，可以考虑用K100，C30或K100，C50，M50的四个颜色来表现。

3. 图片规范

A. 图片分辨率需要300dpi以上，才能保证印刷清晰。

B. 图片链接规范：各种资料、图片和完稿文件的命名要规范完整，避免命名不规范在使用中产生链接错误。

C. 所有印刷内容请设定在同一图层，切勿锁定对象或图层，以免发生漏印。图片制作时必须要使用 CMYK，在 Photoshop 制作，RGB 图转 CMYK 注意选择：编辑——转换为配置文件——目标空间——位置文件——Japan Color 2001 Coated。

4. 专色制作细节

A. 专色是指在印刷时，不通过 CMYK 四色合成，而是特定的油墨来印刷，印刷时每一个专色只有一张色板对应。PANTONE 也属于专色。

B. 专色金、银印刷品呈金属质感，因金银色是不透明的，设计师可以对金银色设定为压印。

5. 印刷文件格式设置

印刷文件格式通常包括 TIFF，CDR，AI，PDF 等。近些年来最终使用 PDF 格式交付印刷厂最为安全与准确。在书籍设计领域，PDF 文件格式具有文件量小、支持多页面显示等诸多优点被广泛应用。在这里笔者以 Adobe Indesign 软件为例介绍导出 PDF 格式需注意的相关事项。

A. 新建文档需要把文档透明混合空间设置为 CMYK。

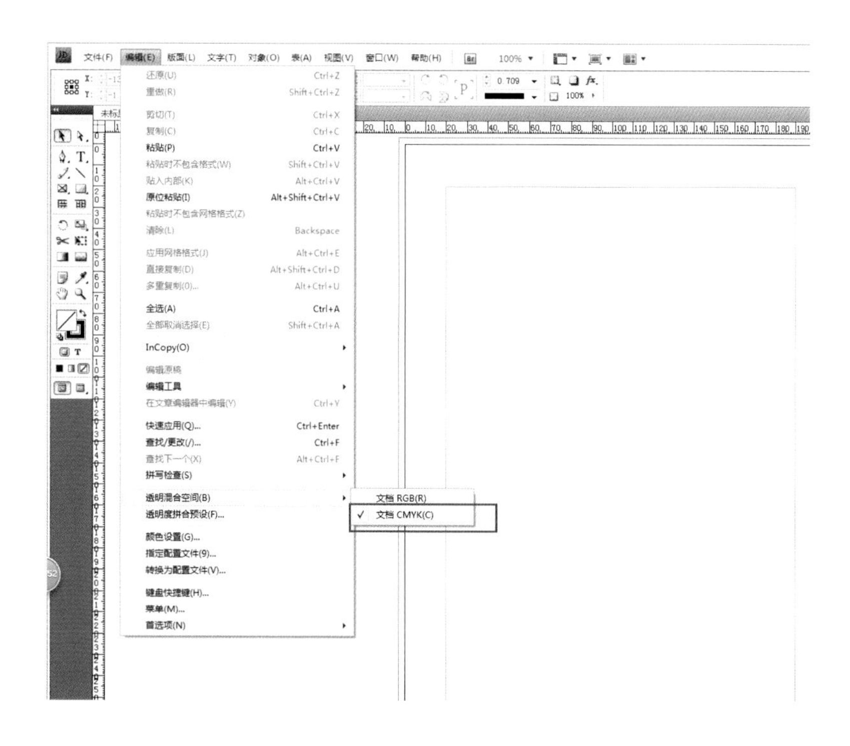

B.ID 软件可以直接导出 PDF 文件，完稿后先用打包命令检查文档有无错误信息，如字体、图片模式、文本是否完整等。

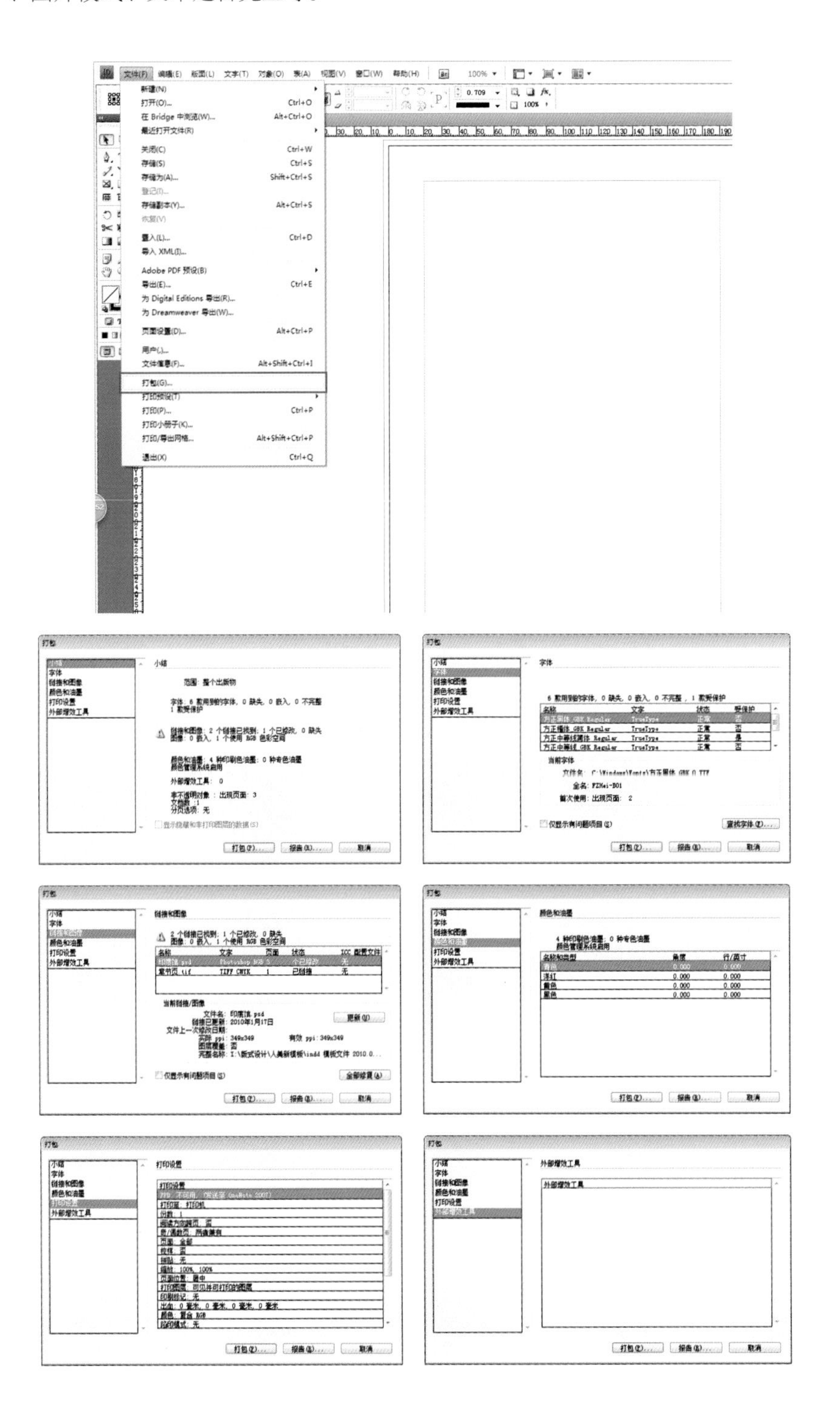

C. 再检查完文档左下角信息提示处有无错误，可根据提示找到并处理。

D. 选择导出菜单，并选好存储路径、文件名，保存。

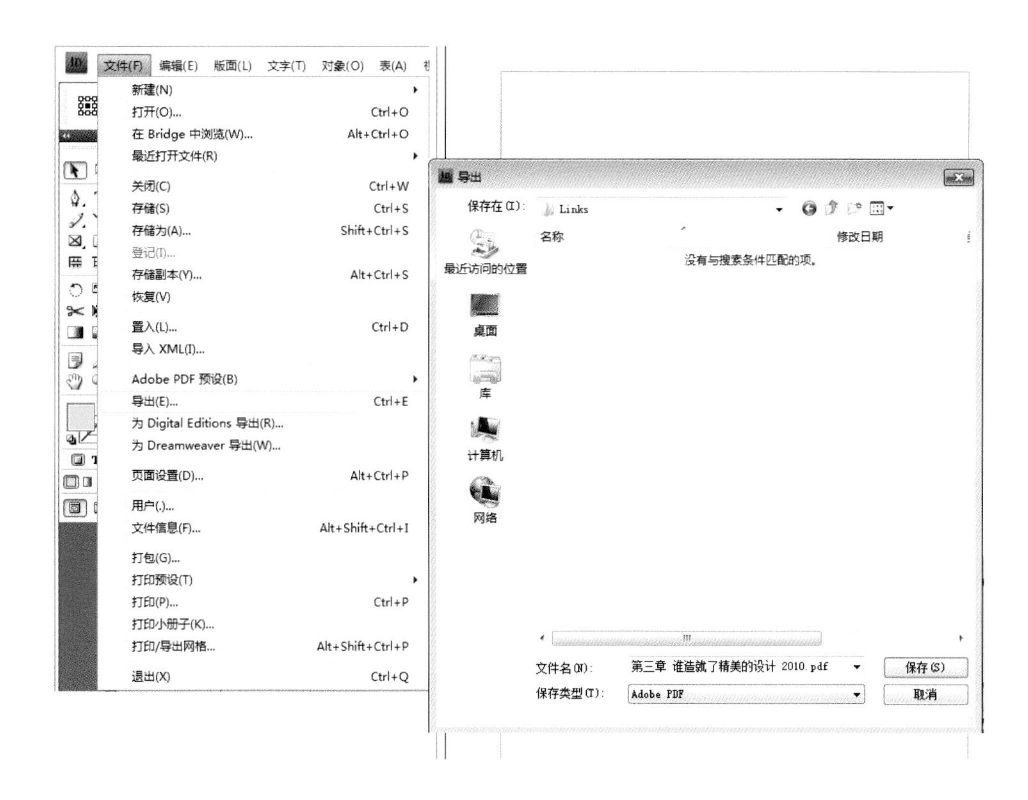

E. 导出的品质及兼容性，页码和页面范围。

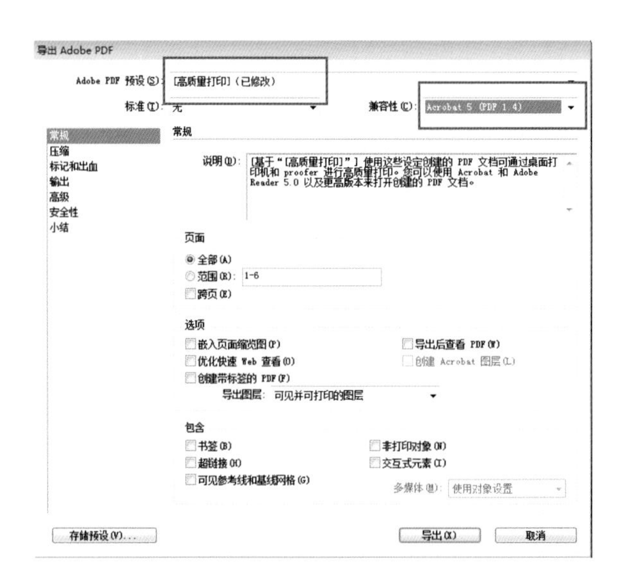

F. 压缩，彩图、单黑、点阵图的取样结果和压缩方式。

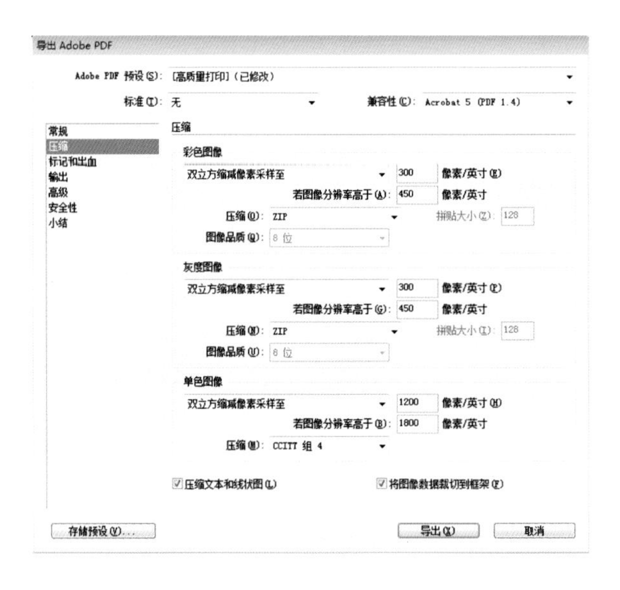

G. 标记和出血，使用文档出血正常 3mm 即可，标记可以不用加。

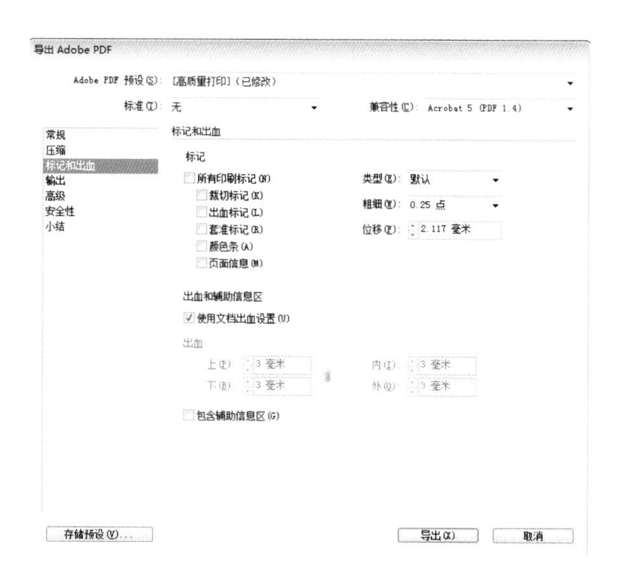

H. 输出选项，色彩不转换，不包含配置文件。

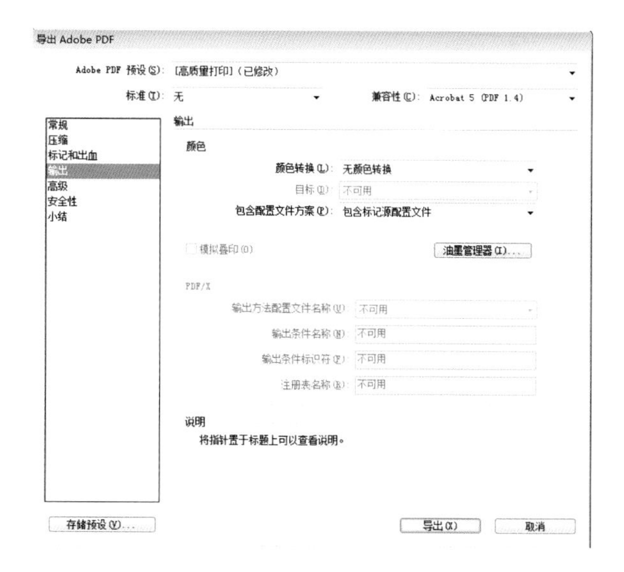

I. 高级选项，不适用 OPI。

J. 安全设置，使用默认即可。

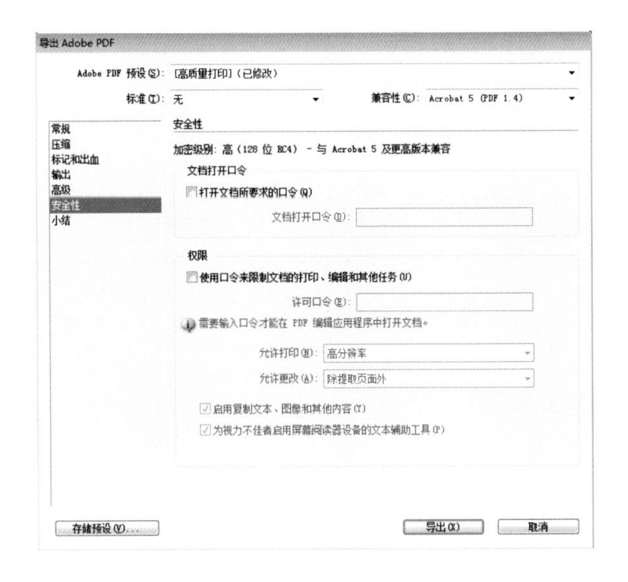

K. 小结，各项设置一览，没有错误选择导出。

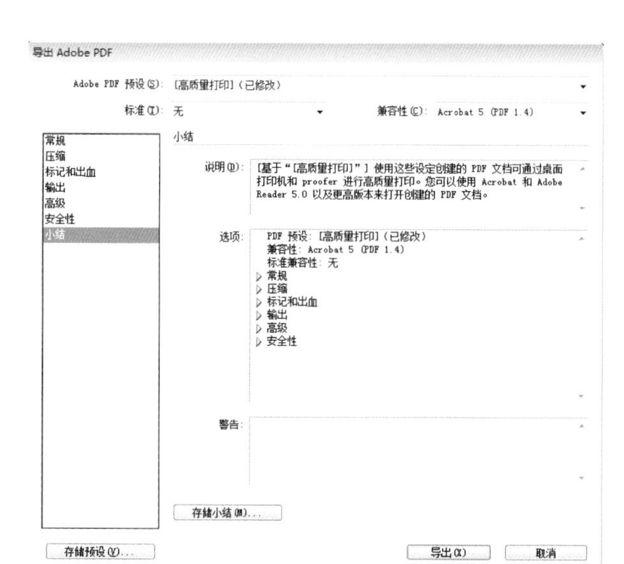

五、平版

平版印刷通常也被称为胶印。胶印印版的图文上附着的油墨先转移到橡皮布滚筒的橡皮布表面上，然后经过压印再转对开单色平版印刷机移到承印物表面上，称为间接印刷。

海德堡四色平板印刷机

六、特殊

1. 上光印刷

上光不仅可以增强表面光亮，保护印刷图文，而且不影响纸张的回收再利用。因此，被广泛地应用于包装纸盒、书籍、画册、招贴画等印品的表面加工。

上光工艺按上光油的干燥方式，可分为溶剂挥发型上光、UV 上光（紫外线上光）和热固化上光等。

曼罗兰 ROLAND200 胶印机

2. 凸版印刷、凹版印刷

凹版印刷是图像从表面上雕刻凹下的制版技术。一般说来，采用铜或锌板作为雕刻的表面，凹下的部分可利用腐蚀、雕刻、铜版画或金属版制版法，按照凹印版印刷。要印刷的凹印版，表面覆上油墨，然后用塔勒坦布或报纸从表面擦去油墨，只留下凹下的部分。将湿的纸张覆在印版上部，印版和纸张通过印刷机加压，将油墨从印版凹下的部分传送到纸张上。

凸版印刷机

3. 金银箔烫印刷

烫印的实质就是转印，是把电化铝上面的图案通过热和压力的作用转移到承印物上面的工艺过程。当印版随着所附电热底版升温到一定程度时，隔着电化铝膜与纸张进行压印，利用温度与压力的作用，使附在涤纶薄膜上的胶层、金属铝层和色层转印到纸张上。按照材料类型可分为：电化铝烫印、色箔烫印、色片烫印、金属箔烫印和其他烫印箔烫印。

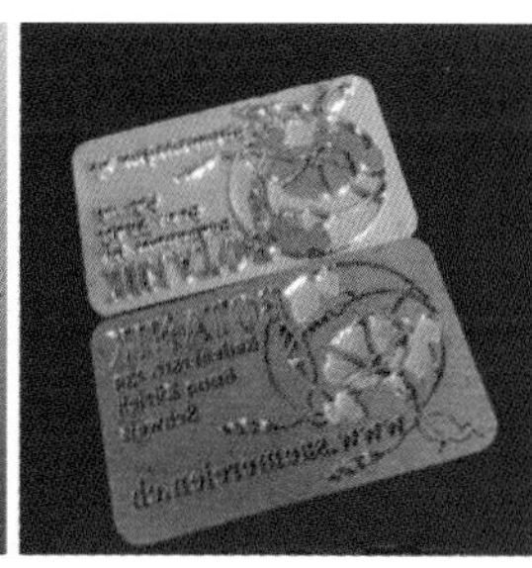

烫金版

烫金膜

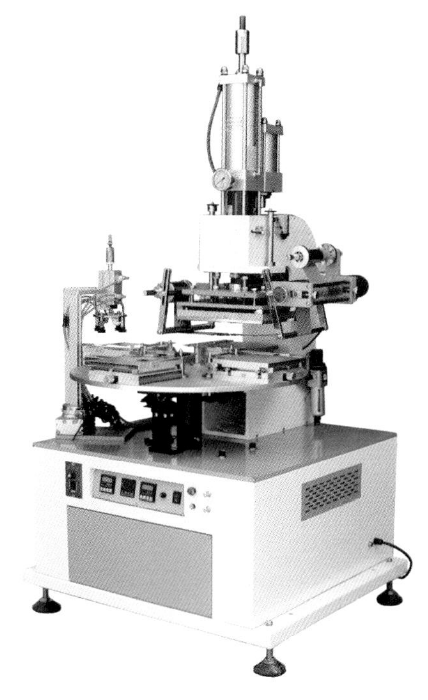

自动转盘烫金机

4. 专色印刷

专色是指在印刷时，不是通过印刷 C、M、Y、K 四色合成这种颜色，而是专门用一种特定的油墨来印刷该颜色。专色油墨是由印刷厂预先混合好或油墨厂生产的。对于印刷品的每一种专色，在印刷时都有专门的一个色版对应。使用专色可使颜色更准确。

专色油墨

5. 模切

模切是印刷品后期加工的一种裁切工艺，模切工艺可以把印刷品或者其他纸制品按照事先设计好的图形进行制作成模切刀版进行裁切，从而使印刷品的形状不再局限于直边直角。通常模切压痕工艺是把模切刀和压线刀组合在同一个模板内，在模切机上同时进行模切和压痕加工的工艺，简称为模压。

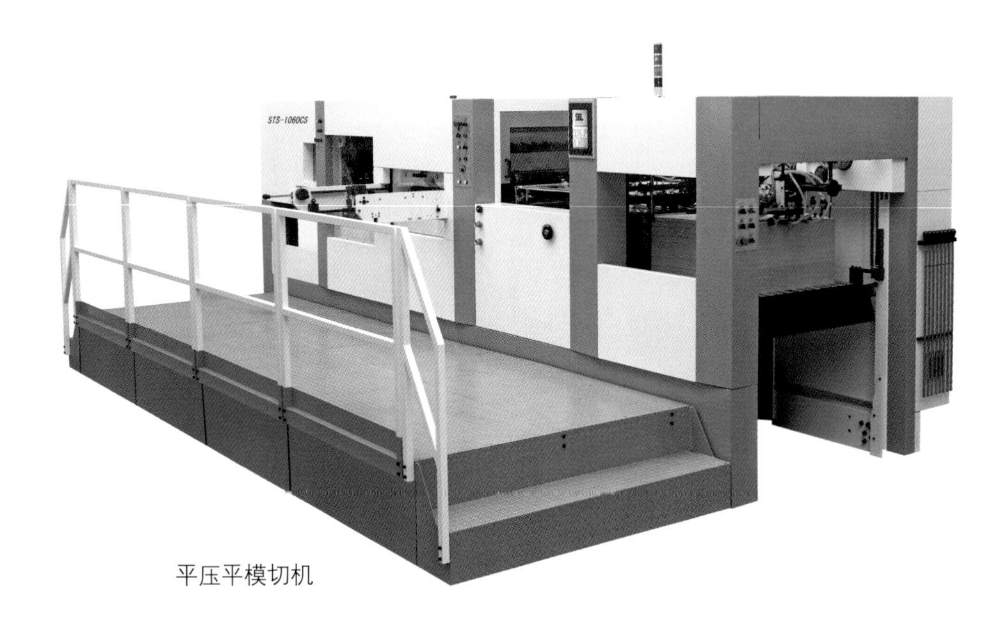

平压平模切机

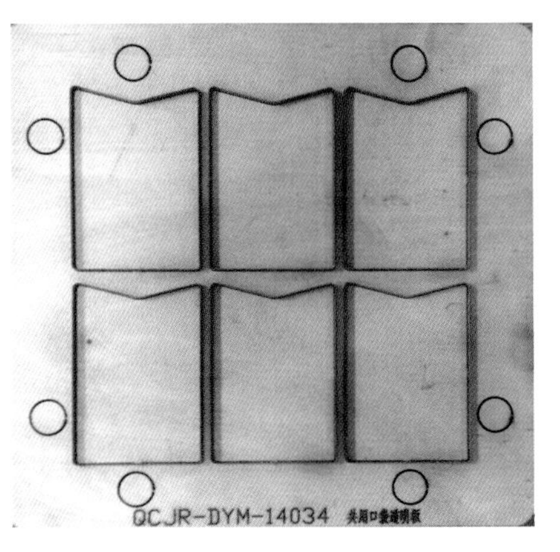

平模切刀板

6. 丝网印刷

丝网印刷属于孔版印刷，它与平印、凸印、凹印一起被称为四大印刷方法。孔版印刷包括誊写版、镂孔花版、喷花和丝网印刷等。孔版印刷的原理是：印版（纸膜版或其他版的版基上制作出可通过油墨的孔眼）在印刷时，通过一定的压力使油墨通过孔版的孔眼转移到承印物（纸张、陶瓷等）上，形成图像或文字。

印刷时通过刮板的挤压，使油墨通过图文部分的网孔转移到承印物上，形成与原稿一样的图文。丝网印刷设备简单、操作方便，印刷、制版简易且成本低廉，适应性强。丝网印刷应用范围广，常见的印刷品有：彩色油画、招贴画、名片、装帧封面、商品标牌以及印染纺织品等。

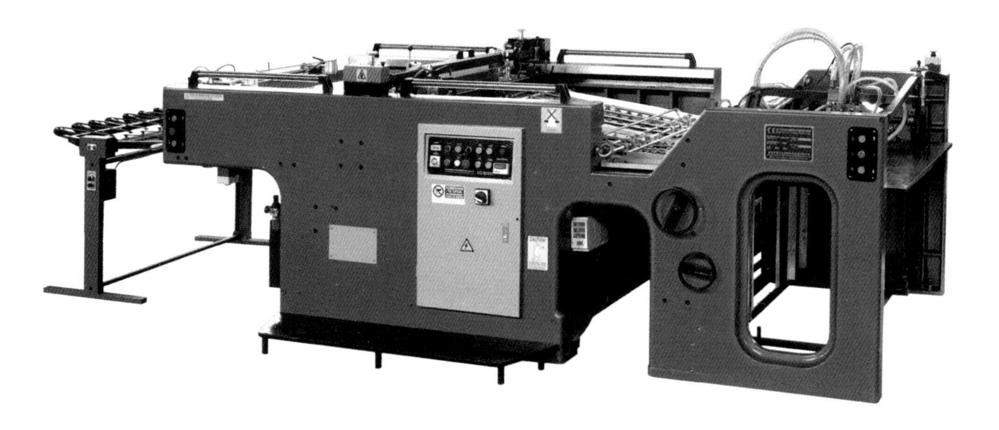

丝网印刷机

模块三　装订

一、主要形态

现代书籍装帧的装订形式基本可以分为平订、骑马订和无线胶粘等。随着材料和印刷工艺的更新，现代书籍装订设计有了机械化的便利条件，机械代替了手工劳动，出现了批量化的生产模式。

1. 骑马订

骑马订，取其于装订之时，将摺好的页子如同为马匹上鞍一般的动作，配至装订机走动的链条之上。装订以后订子就订在马背的位置上。因此，打开书来看最中间的部分，可以发觉整本书以中间订子为中心，全书的第一页与最后一页对称相连接，最中间两页也以其为中心对称且相连。

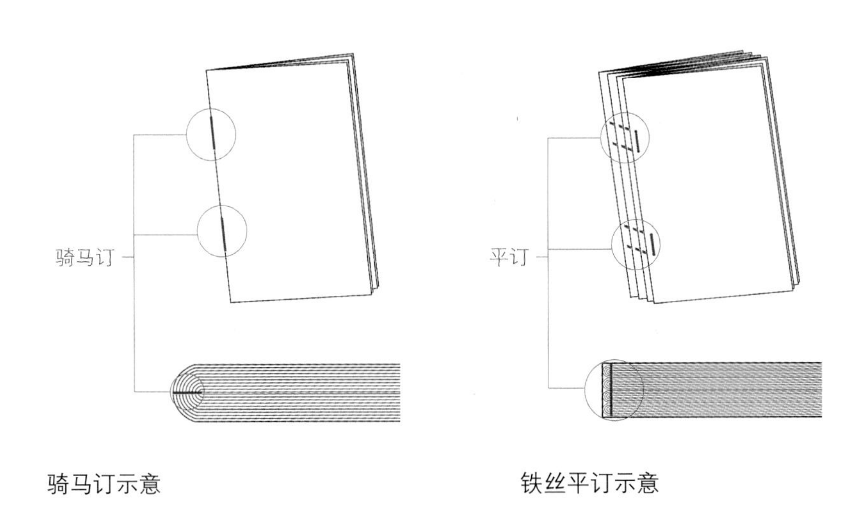

骑马订示意　　铁丝平订示意

2. 铁丝平订

铁丝平订，装订书籍时候，用铁丝订书机，将铁丝穿过书芯的订口，叫做铁丝平订。铁丝平订生产效率高，但铁丝受潮易产生黄色锈斑，影响书刊的美观，还会造成书页的破损、脱落，适合订 100 页以下的书刊。

3. 无线胶订

无线胶订是一种不用铁丝，不用线，而是用胶粘合书芯，从出书到自动完成的装订

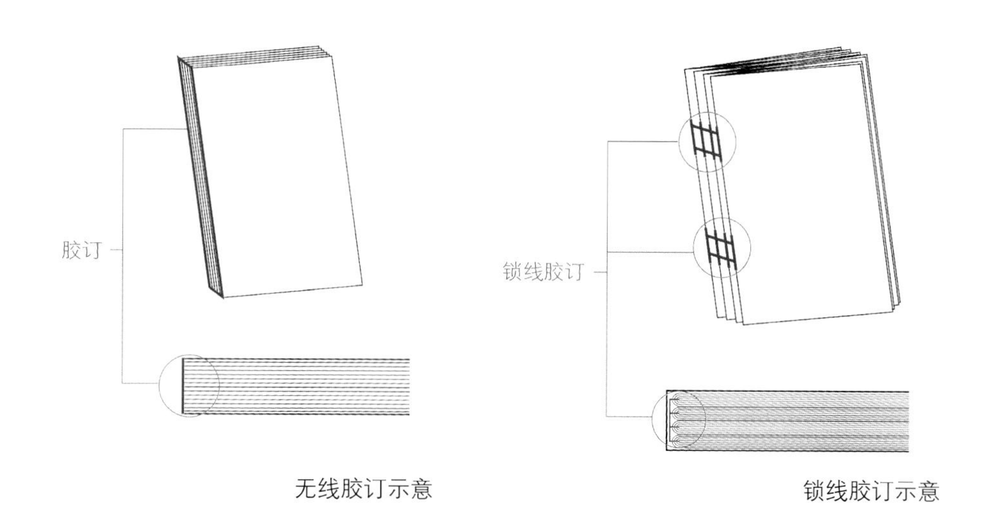

无线胶订示意　　锁线胶订示意

方法的印刷工艺。其工艺流程大致为：配页、进本、铣背、打毛、上侧胶、上书背胶、包封面、成型、胶冷却、双联、分切、裁切成品、堆积光本、检验成品、捆扎。

4. 锁线胶订

锁线胶订，是指用线将各页穿在一起，然后用胶水将印品的各页固定在书脊上的一种装订方式。锁线胶订的好处是用胶粘书芯的同时加上线固定，书翻开时可以完全展现书的内容，从出书到自动完成的装订方法。

二、折手的制作

印前制作页面，需要以一定规律组成大版后再输出胶片或直接输出印版。正确的拼大版可有效提高工作效率，合理控制材料使用，降低生产成本。为了保证在拼版软件中拼版过程的准确无误，设计师通常会手工根据印刷机尺寸折叠成成书尺寸并标注与出版物页面顺序相符的页码。此过程被称之为制作折手。

确定折手的折叠方法要根据书籍的开本尺寸、印刷机尺寸与书籍的装订方式来定。设计师在制作折手之前通常要与印刷厂取得联系，确定该书籍需要上多大开数的印刷机（如常见印刷机分为 1 开机、2 开机、4 开机、8 开机）进行印刷。同时还要确定装订方式。根据不同的装订方式，确定折手的折页方法，做出相应折手，逐一折出所需的张数。

如笔者预设书籍成品尺寸为大 16 开，即将上 4 开印刷机印刷，装订方式为锁线胶订，共 64 页。根据以上因素可以考虑运用垂直交叉折的方式二折制作折手。将纸平放对折，然后顺时针方向转过一个直角后再对折即可制作完成。然后在折过的纸上手写页码。一个印张正背共计 8 个页码。本书共计 64 页，以此类推再折叠 7 个折手并手写页码。整本书籍折手制作完成。

折手折叠示意图

整套折手展开图

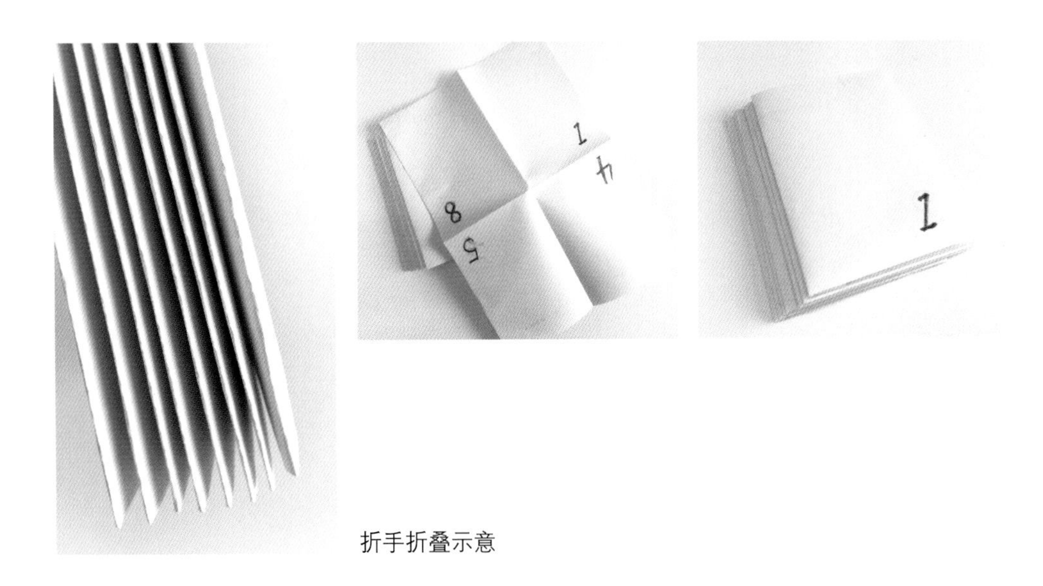

折手折叠示意

设计经验提示

对于书籍设计师来说，在电脑建立纸张之前要先考虑到后期印刷的纸张的克数及材质，通常来讲 80g ~ 300g 左右的纸张需要设立 3mm 出血线以便于后期裁切。但也有特殊的纸张克数及材质可能出血线需要不同的数值设定，如果设计师不能准确设置，建议联系印刷厂技术部门进行咨询。

知识链接

书脊，指书的厚度的计算方法：

A.（P 数 ÷2）×0.001346× 纸张克数 = 书脊

P 数：指同种纸张总页数，通常一张 A4 纸为 2P，设计公司计算 P 数是按照 210mm×285mm 计算，即大度 16 开计算。无论多大开度的书，计算书脊时 P 数就是计算同种纸共多少页，如有不同纸，再计算其他纸的厚度，最后相加得书总厚度。如一本书：内页 80g 书写纸共 240P，中间有 16P157g 双铜，求书脊。

书写纸厚度：240÷2×0.001346×80=12.92mm

铜版纸厚度：16÷2×0.001346×157=1.69mm

书总厚度（书脊）：12.92mm+1.69mm=14.61mm

B.（P 数 ÷2）× 内页所用纸的厚度 = 书脊

内页所用纸的厚度即是通常所说的 128g，157g 等。

注意：运用计算公式算出的书籍的厚度通常被用在设计师在设计封面时预留书脊尺寸。进入到印刷环节为了保证书脊的准确性还需要将书籍内页印刷装订后用卡尺再次确认书脊厚度。

训练项目一：平装的拼版

任务 1：制作折手

（1）任务描述：平订书籍拼版训练。

（2）任务分析：折叠折手、标记页码。

（3）任务目标：熟练掌握平订折手的制作方法。

（4）任务评价：折手折叠准确、折叠后页码正确。

任务 2：电脑拼版

（1）任务描述：根据折手制作电子版面。

（2）任务分析：出血设置准确、页面方向无误。

（3）任务目标：将手工折手准确转化为电子版面。

（4）任务评价：印刷后配页无误、页码准确。

训练项目二：骑马订拼版

任务 1：制作折手

（1）任务描述：骑马订书籍拼版训练。

（2）任务分析：折叠折手、标记页码。

（3）任务目标：熟练掌握骑马订折手的制作方法。

（4）任务评价：折手折叠准确、折叠后页码正确。

任务 2：电脑拼版

（1）任务描述：根据折手制作电子版面。

（2）任务分析：出血设置准确、页面方向无误。

（3）任务目标：将手工折手准确转化为电子版面。

（4）任务评价：印刷后配页无误、页码准确。

训练项目三：锁线胶订拼版

任务 1：制作折手

（1）任务描述：锁线胶订书籍拼版训练。

（2）任务分析：折叠折手、标记页码。

（3）任务目标：熟练掌握锁线胶订折手的制作方法。

（4）任务评价：折手折叠准确、折叠后页码正确。

任务 2：电脑拼版

（1）任务描述：根据折手制作电子版面。

（2）任务分析：出血设置准确、页面方向无误。

（3）任务目标：将手工折手准确转化为电子版面。

（4）任务评价：印刷后配页无误、页码准确。

4

第四单元

作品赏析

模块一　线装书籍赏析

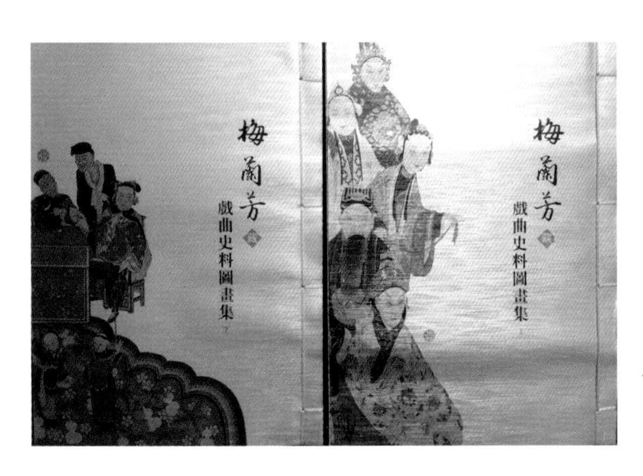

《梅兰芳（藏）戏曲史料图画集》

设　计：张志伟
出版社：河北教育出版社
（注：本书有三个版本，并分纸面、布面）

整本书采用中国传统线装方式，书籍外壳体为凹版印刷，烫金，打开方式是自右向左。读者也能从纸张的色彩、重量，到装订风格、外包装设计等细节实现设计师的创意装帧风格，包装设计细节，从中体会到设计者的匠心。

《梅兰芳（藏）戏曲史料图画集》一函两册，传统风格充满了现代技术的精美装帧，古朴而大方，一着眼便令人赏心悦目。集子中所收图谱，是从梅兰芳纪念馆现存的全部“缀玉轩”珍藏图画、脸谱原件复制所成。图谱原件是梅兰芳 20 世纪 20 年代末 30 年代初向北平国剧学会提供的个人藏品。

《梅兰芳（藏）戏曲史料图画集》

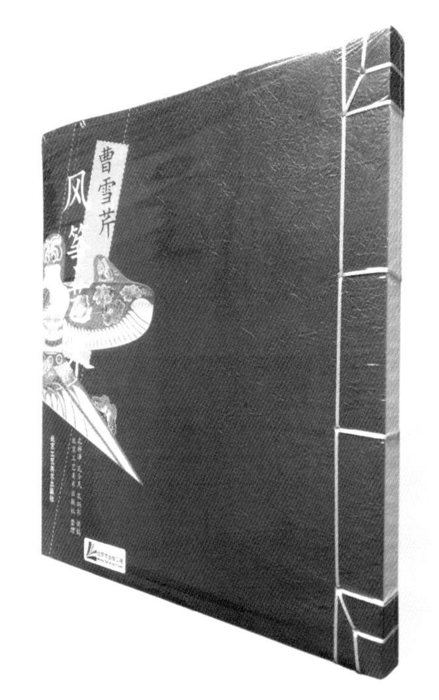

《曹雪芹风筝艺术》

设　计：赵健
出版社：北京工艺美术出版社

《曹雪芹风筝艺术》一书除了本身的学术、艺术、历史、文化价值外，图书的整体书籍艺术设计是最引人注目和值得称道的。书籍设计的概念新颖独特，装帧古朴典雅，以及传统文化中厚重的中国古典书籍的整体凝聚力，是“世界最美的书”标题和决定性因素的主要原因。

设计者介绍说，本书表现的是一种中国传统的民间艺术，所以在整体上要体现中国所特有的文化气质，体现中国人表达观念思想的智慧，调动书籍语言的特性。例如，将线装书的审美气质和现代设计理念相结合来体现书的内容。具体来说，因为书的主要内容是风筝艺术，以前的做法往往以插图陈列的方式来展现，而设计者认为，风筝是让读者有飞行的感觉很重要，所以在性能上，选择用虚线装饰，从不同角度展示姿态的风筝，实现了一个灵活的结构设计。

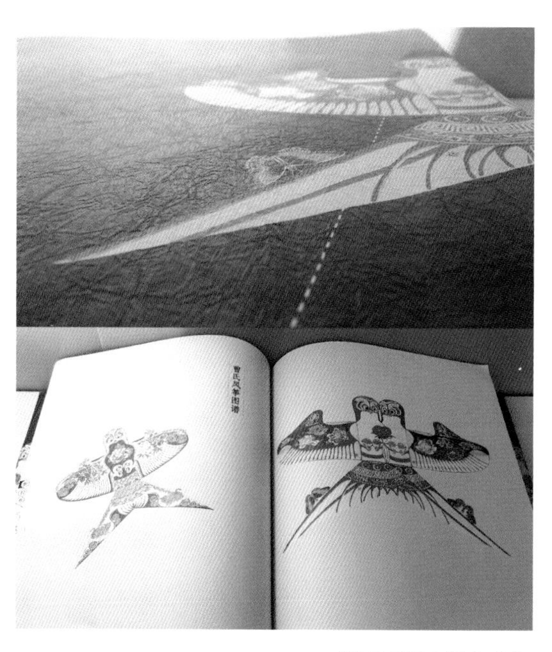

《曹雪芹风筝艺术》

模块二　简装书籍赏析

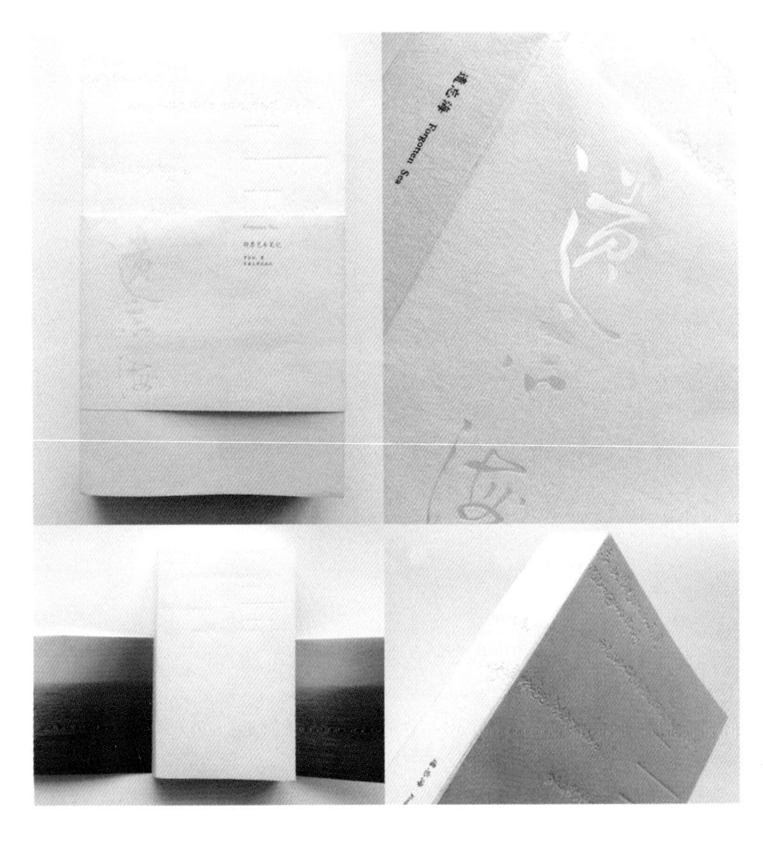

《遗忘海》
设　计：赵清
出版社：东南大学出版社

本书作者罗拉拉，笔名肖林，对女性敏锐的感知知识，新颖独特的绘画文化人物的角度看，文学作品和文化现象，讲述了对十年昆曲的传播经验，亦配有作者个人情感世界的真实记录。

设计师为了与文本气质相融合，封套上部卡在“海平线”上，下部折口恰好露出条码。烫珠光白工艺让书法家许静题写的书名影影绰绰，仿佛遗忘中的画面无痕。封面选取了后记中的话语，凹凸印形成了凹凸不平的文字触感。纯白色的选择，是对于“记忆”与“遗忘”的理解，在遗忘规律中记忆深刻，在自然淡化中着重强调。白，也许是最恰如其分的选择。

书中寻觅并采用古法晒蓝图，这种几近被现代印刷行业遗忘的印制方式，带来一种行将消逝的紧迫感。若不抓紧读这些文字，若干年后这些文字将变淡消失，如沙滩上的

《遗忘海》

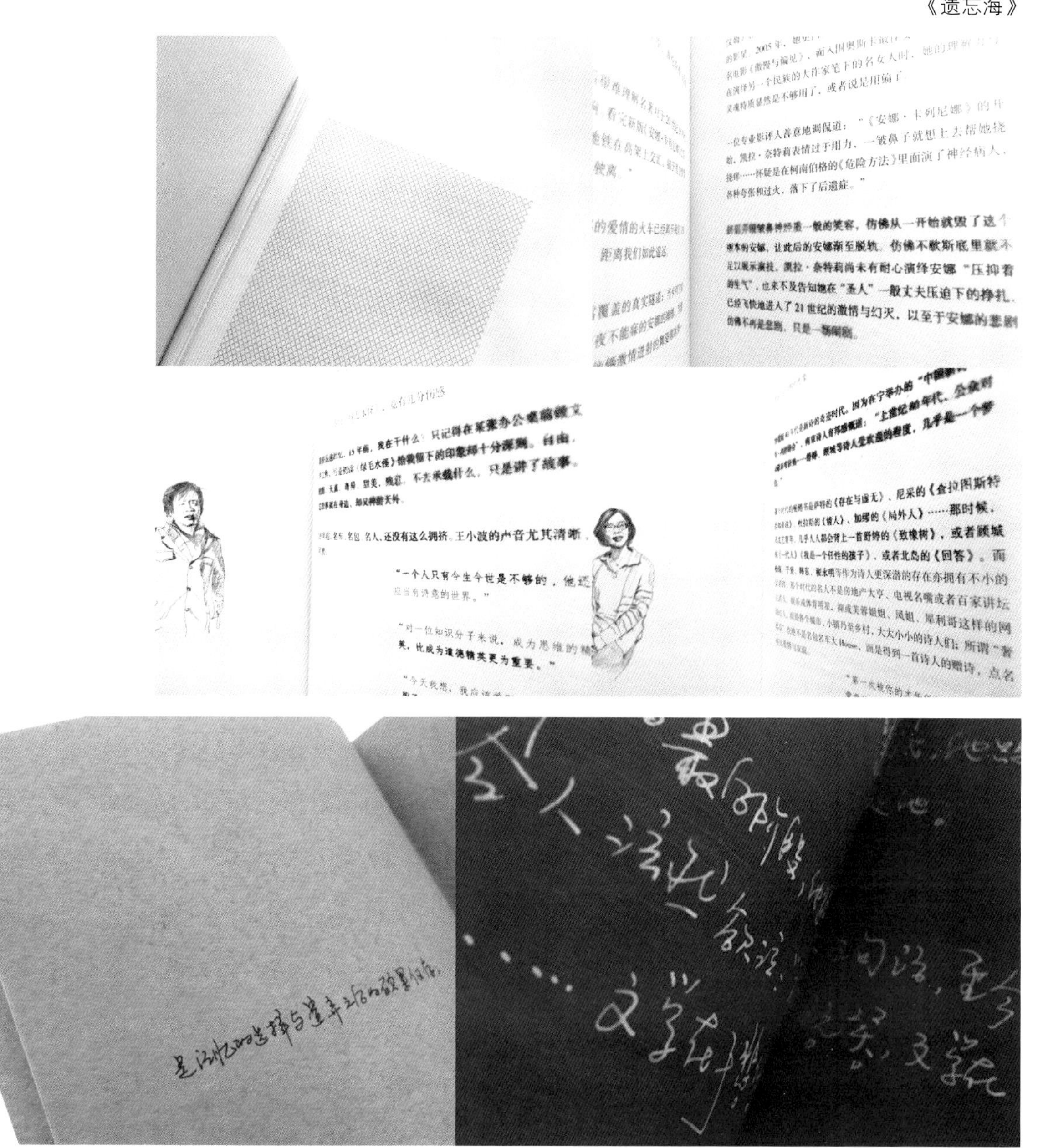

行行足迹，潮来潮涨间，被海浪冲刷而不见，难再觅得痕迹。

用以往传统设计手法，试图将文学书创造出可视化的全新语境，将书籍特点及质感表现得淋漓尽致，这就是《遗忘海》设计中所表达的“遗忘旅途”。

设计风格以朴素、简单、纯粹为导向。遗忘了书眉，遗忘了边角等处的惯常设计，仅有细小的页码以索引记忆的痕迹。海水浸泡之后，字迹淡去，用这种明显的手工痕迹来体现“遗忘”，实现并不容易。历经反复找寻，最终得到了同样被印刷行业所遗忘的可晕染的打印方式，邀请作者用毛笔蘸水划出每一页的重点部分，如此反复试验多遍，先后三次扫描后，再嵌入编排软件。得到重点字句被海水晕染浸泡的效果，同时，保证阅了读的功能性，成就了本书设计中的两大创意“遗忘”与“海”。

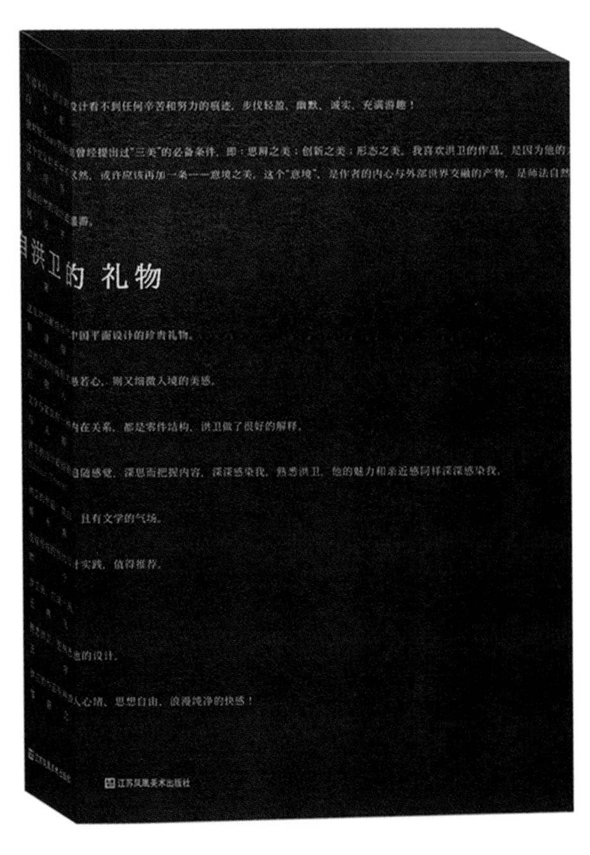

《来自洪卫的礼物》

设　计：潘焰荣

出版社：江苏凤凰美术出版社

《来自洪卫的礼物》

此书设计在设计时，设计师以“形”“意”“境”“物”为纲，展开了他对设计、对人生的感悟。开本选择采用了小 32 开，适于读者携带和舒适阅读。内页运用不同触感的纸质去理性划分作品的篇章结构，配合贴切的印刷工艺，质朴地再现了作者作品的人文追求及回归中国语境下的设计。像靳埭强老师所说：“这是献给当代中国平面设计的珍贵礼物”。阅读整个过程，意外之中时有惊喜，阅读体验如同收到一份期待已久的礼物，爱不释手。

洪卫老师的作品不仅是一个简单的设计作品，更重要的是充满活力，给人看到了一个心灵的洗礼，纯净、透明，没有一点世俗杂念，很清晰、很自然，没有束缚，完全的释放。作为最美的书籍，在编排上，《来自洪卫的礼物》没有简单地排列作品，而是有节奏、有章法地讲述着设计的灵魂，从漆黑一片的混沌，到天青的晨昏、日当正午，又回到鱼肚白，然后漆黑，内文色彩的轮回设计就是时间最好的诠释。而“形”“意”“境”“物”则构架起了他对于设计艺术的认知过程。

模块三 精装书籍赏析

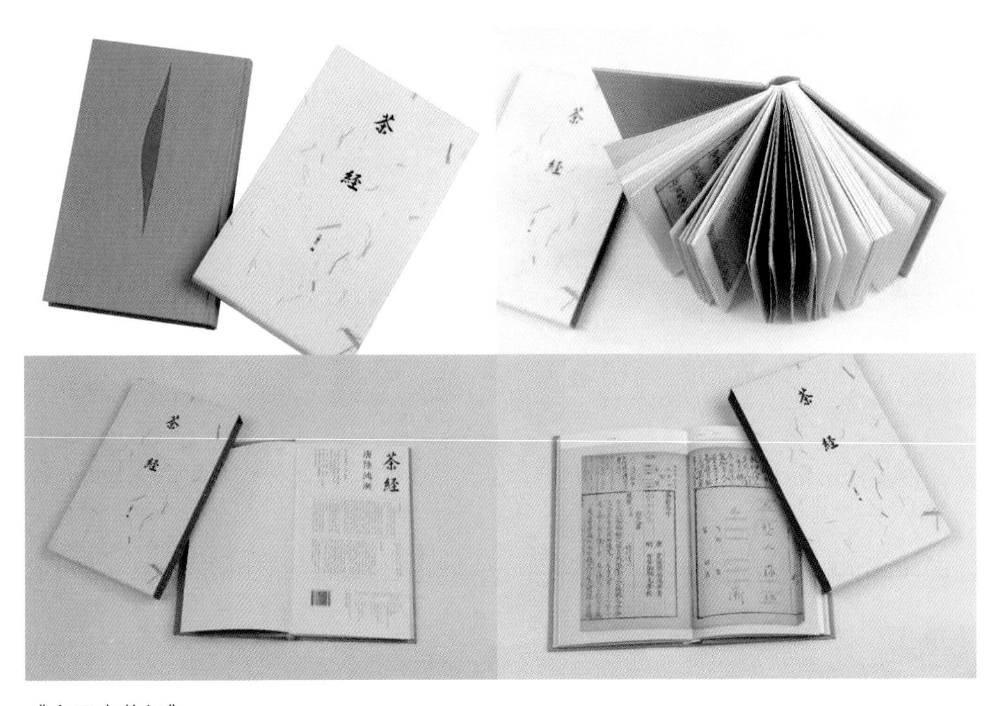

《全图本茶经》

设 计：张志奇工作室
出版社：中国农业出版社

本书是中国乃至世界现存最早、最全面、最完整介绍茶的第一部专著，是唐代中国茶道奠基人陆羽所著的《茶经》，被誉为茶的“百科全书”。

全书分上、中、下三卷，共十个部分。内容高度概括了中国茶文化的各个方面和几千年的发展史。既是一本阐述茶文化的书，它将普通茶升华到一个美妙的文化艺术，是一个比较完整的关于茶叶生产、传播科学知识、促进茶产业发展，开创中国茶道先河的最完备的中国古代茶书。

设计师在一开始就本着逆向思维的设计风格，用精装的设计创造出一种新的方式，使熟悉的茶叶题材陌生化，字体灰度舒适，排版留白得当，做了一次用西式装订表现传统文化的大胆尝试。

《布衣壶宗：顾景舟传》

设　计：周伟伟

出版社：江苏凤凰文艺出版社

这是一本关于紫砂大师顾景舟的传记，书籍的封面设计注重纹理，切口外页不一，趣味浓厚。书籍设计的一个成功之处是，图片被安排在适合读者阅读的地方，许多手稿、旧照片、紫砂画等都被不同的纸张所点缀，它们看起来非常大气。年表编排呈壶形，相当独特，体现信息设计的创意。设计师能让各种设计要素在本书中沉淀下来，表现出图书的张力。

通过前文的介绍，相信读者对书籍设计历史、书籍结构、书籍的设计方式都有了充分的了解。本章以吉林工程技术师范学院艺术学院毕业设计作品集为例，从设计、印刷、装订、出版多环节分步骤展示书籍设计的流程全貌。

《文爱艺诗集》

设计：刘晓翔、高文
出版社：作家出版社

这是 2011 年，我国当代作家爱文艺出版的一本诗集。据本书的设计师刘晓翔先生介绍，诗集的设计理念定义为内敛的激情，用温和的暖白、暖灰色和鲜明的红色围绕这一理念展开主题；暖白色护封的正面是诗人的签名，把原本作为促销语的“评论”处理成环绕护封的文字符号，护封背面用红色印上本书插图局部；暖灰色棉布封面采用了双层压凹以增添文字的三维质感和触觉，前后环衬的红色与书口色、护封背面色一致，加强了全书整体氛围和视觉感受。该书获得 2012 年“世界最美的书”，评委点评为：整体设计简洁而有个性。字体、颜色之间动静对比强烈，富有视觉冲击力。护封下部文字从封面延续至封底，体现了流动的美。

第五单元

实战

通过了前文的介绍，相信读者对书籍设计历史、书籍结构、书籍的设计方式都有了充分的了解。本章以吉林工程技术师范学院艺术学院毕业设计作品集为例，从设计、印刷、装订、出版多环节分步骤展示书籍设计的流程全貌。

模块一　整体构思

一、开本设计

对于艺术类专业毕业设计作品集的题材来说，该书籍内容所展示形式多数以设计作品及绘画作品为主，配合少量文字。设计师在进行开本构思时需要一个相对较大的页面空间来完整地表达页眉内的大量插图细节，正度 16 开（185mm×260mm）是一个不错的选择。

二、纸张设计

对于纸质书籍来说，选择什么类型的纸张进行印刷有很多因素需要考虑。首先需要考虑预算的规划，其次需要考虑纸张的属性与油墨的关系，最后还要考虑纸张的重量、质感给读者所传递的视觉及触觉感受。艺术类毕业设计作品集属于画册类书籍，内容主要以插图为主。在预算充足的前提下，设计师首要考虑的是选择一种合适的纸张将插图信息准确还原。其次要考虑合适的重量。恰当的重量能够增加书籍的厚重感，同时在进行双面印刷时不容易透墨。最后要考虑一种合适的纹理与质感的纸张是否能够传递出整本书籍的气质。综上所述设计师选择了一种为丹丽品牌、重量为每平方米 157g 的纸张作为内页纸张。该纸张具有色彩还原准确、纸面为哑光，并带有少许纹理，给人一种比较柔和的感受。

三、结构设计

书籍的结构可以分为异性结构和传统结构两种，而传统结构在前文有详细介绍。设计一本书籍的结构需要考虑内容的准确性，同时要考虑印刷的数量及生产成本。

模块二　封面的设计

书籍封面在这里是指书籍的封面、封底与书脊的整体设计。通常情况下，书籍的封面部分要求有书名、作者或主编名、出版社名三个要素。而书脊同样需要具备这三个要素。封底通常包含责任编辑、定价、条形码书号等相关元素。

书籍封面的文字与插图设计通常是书籍内容的直接展现。该书籍内容为艺术设计本科生毕业设计作品集。

1. 作者在构思封面时插图部分选择设计专业同学常用的绘图工具进行线框表现与矢量化处理。

2. 书名部分设计一款以块面为主要构成元素的字体，有利于与插图叠加后凸出层次感。

3. 色彩并选择四色印刷得到，而是在印刷时运用印银色（专色）来表现插图，运用烫黑的工艺表现书名字体，封面底色选择一款灰色的略带粗糙的丹丽品牌特种纸。

整体设计方案通过颜色、材质、图形等大量的对比、冲突，将简单与繁琐巧妙组合、抽象与具象统一，营造出后一种后现代主义的设计格调。

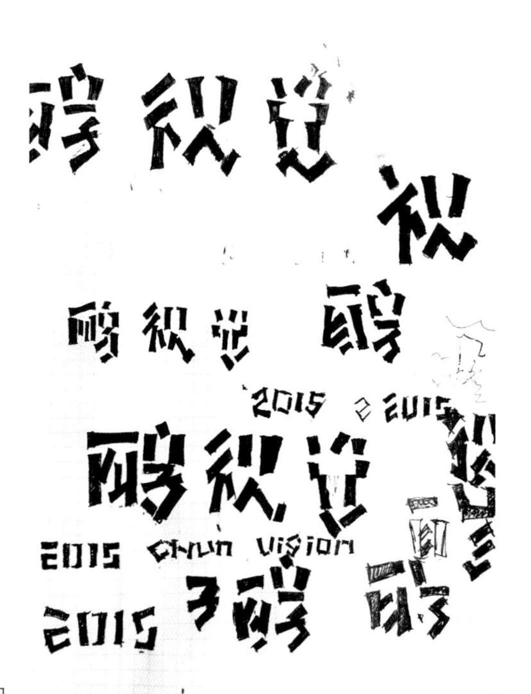

封面字体设计草图

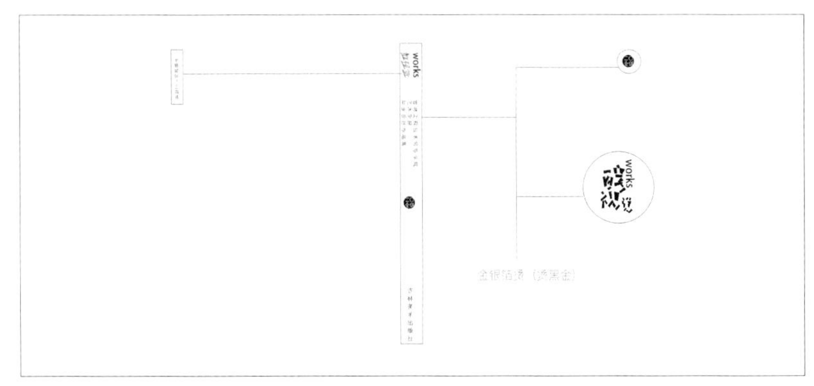

封面烫黑部分示意

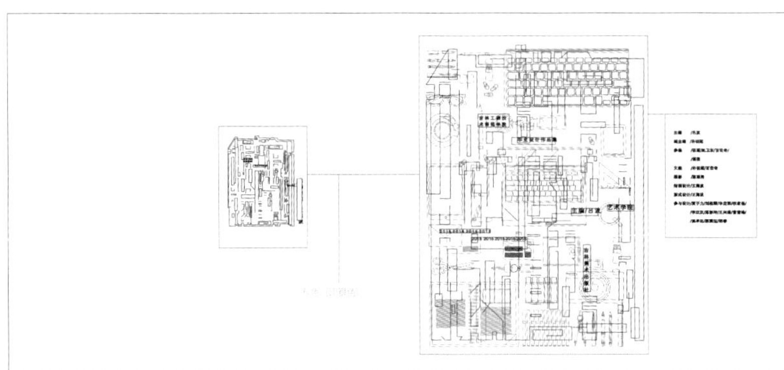

封面印银部分示意

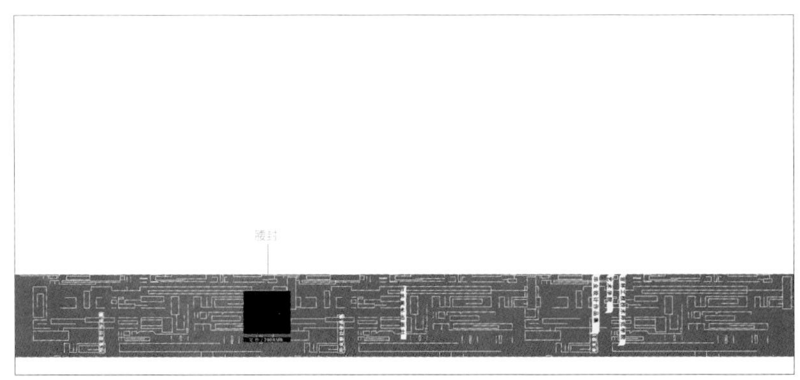

封面腰封效果示意

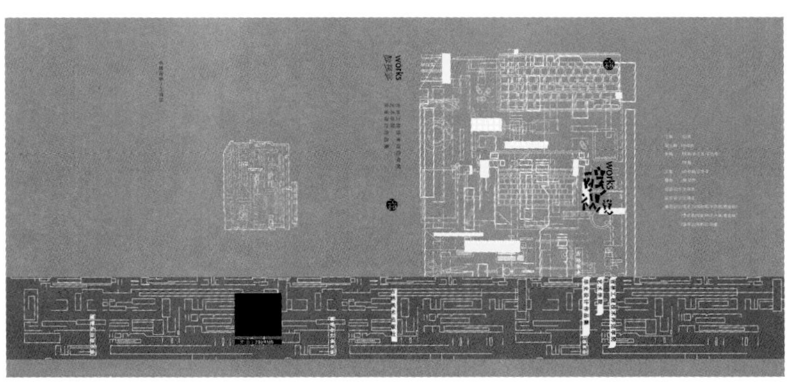

封面效果图示意

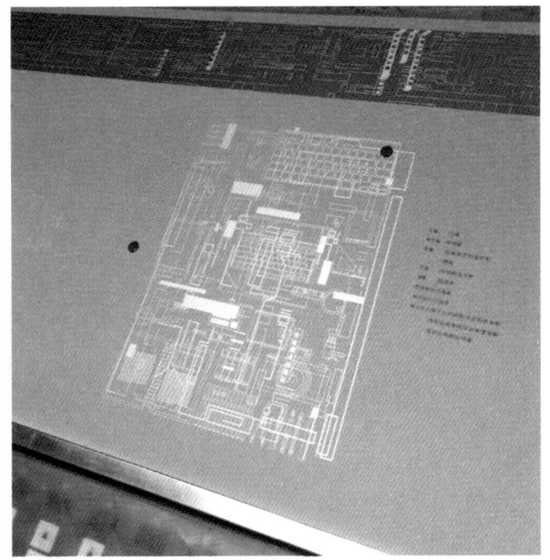

封面印刷展示

训练项目：小说类简装书籍设计封面设计

任务 1：草图构思

（1）任务描述：简装书籍封面设计。

（2）任务分析：小说类开本、风格、可读性。

（3）任务目标：开本设定、书名设计、插图绘制。

（4）任务评价：设计风格与内容契合度、可读性与美观性。

任务 2：电脑绘制

（1）任务描述：书籍封面展开图绘制。

（2）任务分析：重视电脑显示效果与实际输出效果差异化。

（3）任务目标：软件绘图能力、工具使用能力。

（4）任务评价：印前电脑设置与印刷的衔接。

任务 3：打印成型

（1）任务描述：书籍封面展开图绘制。

（2）任务分析：字体、字号、颜色的输出效果。

（3）任务目标：电子文件与成品输出的转换。

（4）任务评价：符合书籍的阅读习惯。

模块三　内页设计

一、目录

根据不同书籍的内容，目录可以承载多种风格的表达。选择一种适合书籍气质的目录设计很有必要。同时目录也是封面设计的延续与衔接。该书籍设计封面运用了大量的线与块面的碰撞元素，目录的设计以此为出发点进一步衍生与变化。

目录电子稿件与成品展示

二、章节

章节页通常是每章内容的概要，同时又是整本书籍的一级目录。所以在设计章节页的既要设计出本章节的特点，同时也要考虑各个章节页之间的设计关联。

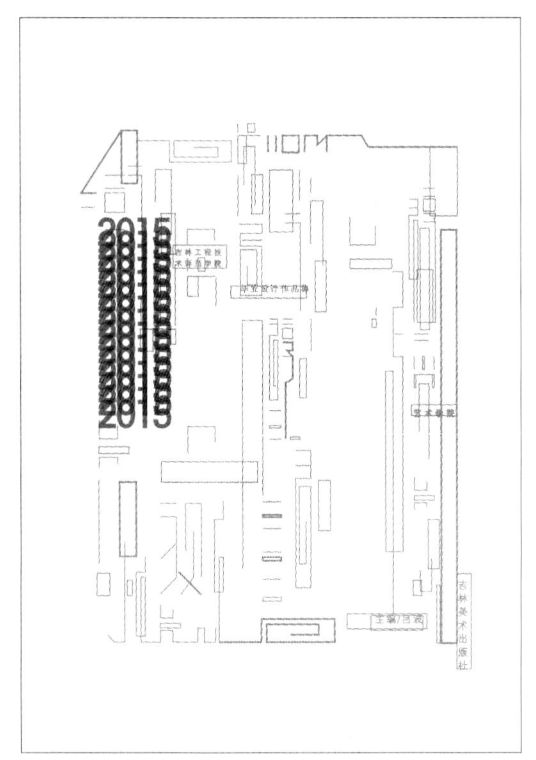

章节页电子稿与成品展示

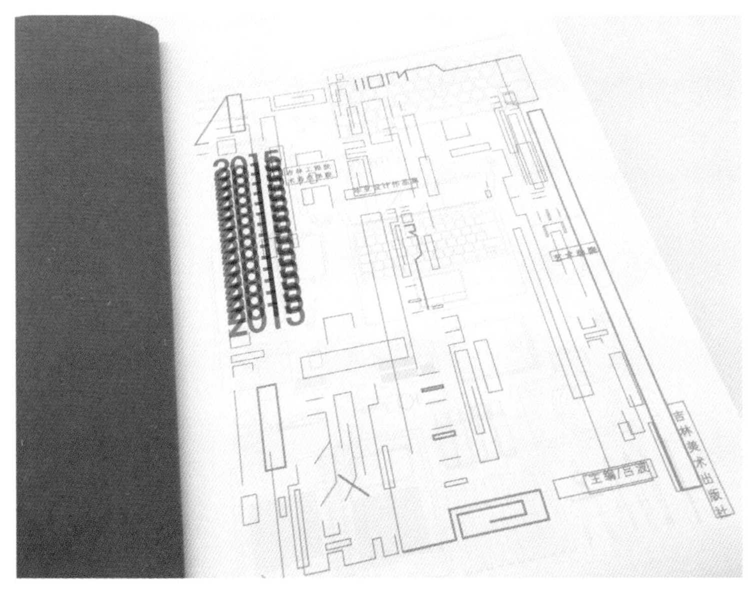

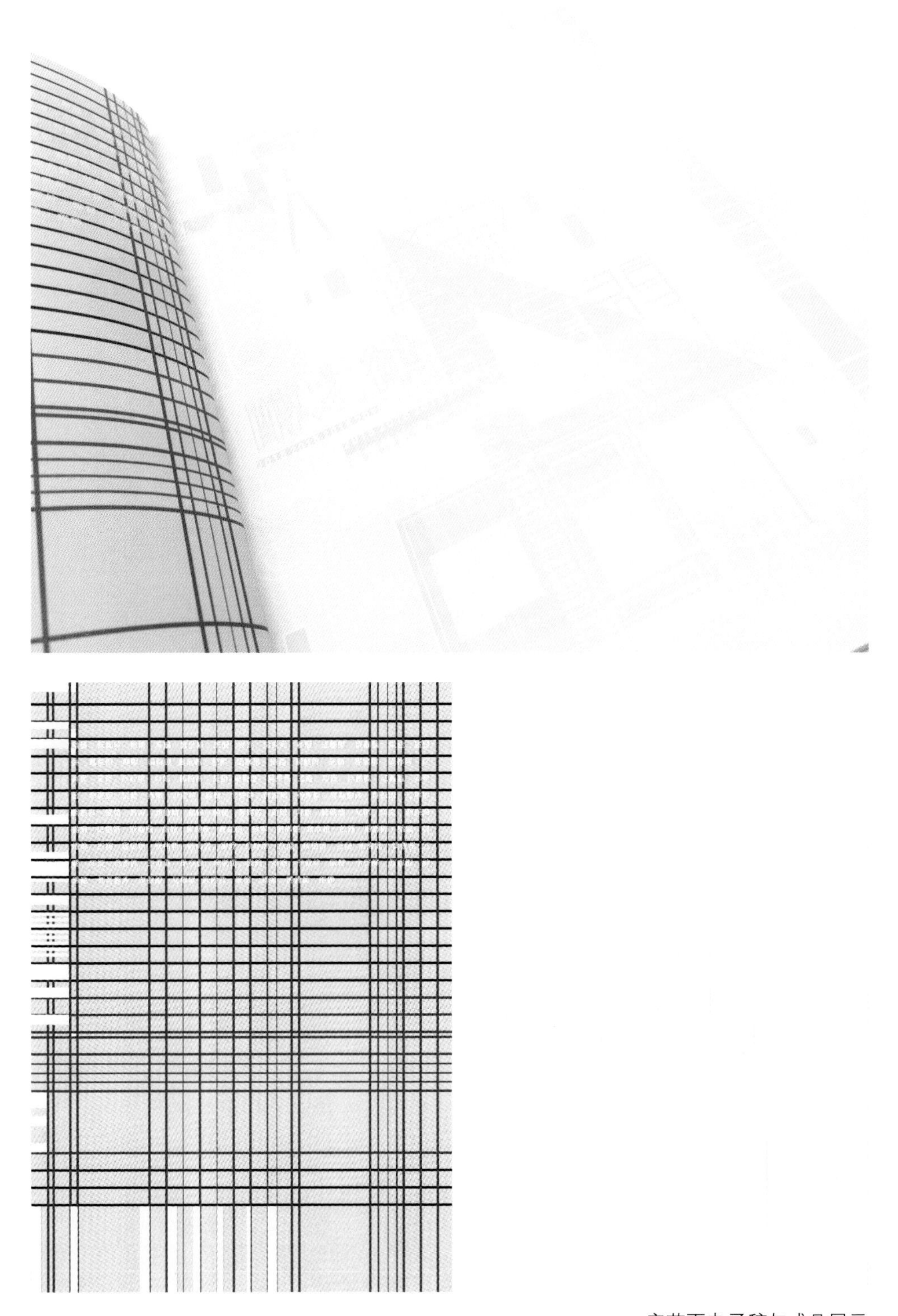

章节页电子稿与成品展示

三、正文

正文设计通常要求版心大小统一、页眉设计统一、页码统一、版式风格统一，经过这样的规范有利于内容信息的快速传递。设计师一般会通过规定字体、图形、色彩的不同标准来达到统一的整体效果。例如一级标题、二级标题字体、字磅的统一，大量图片进行网格式编排时网格间距的一致，保持整体版面的色彩倾向性相同或相似等设计手法。

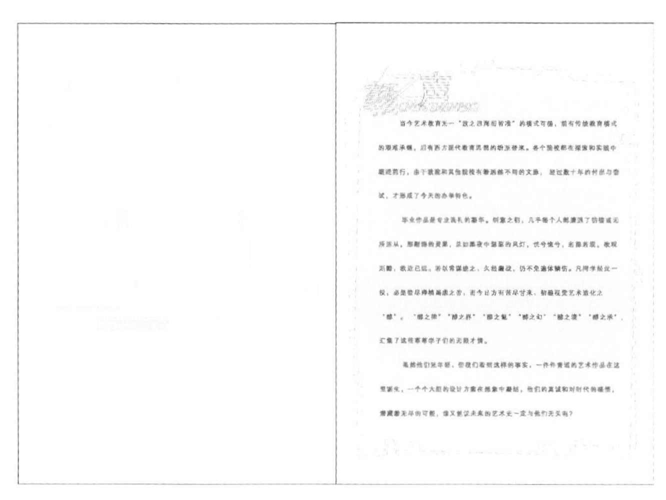

正文电子稿与成品展示

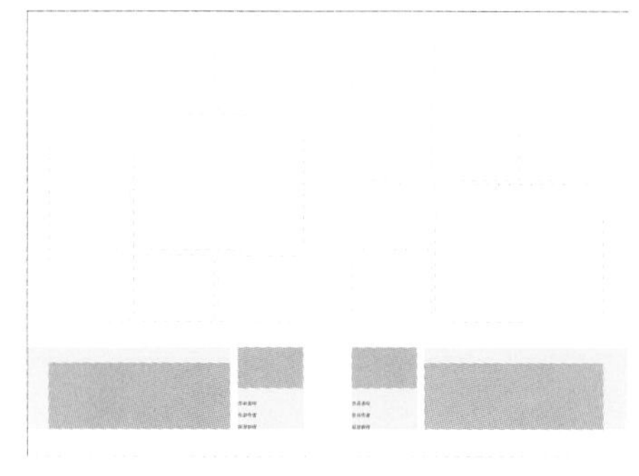

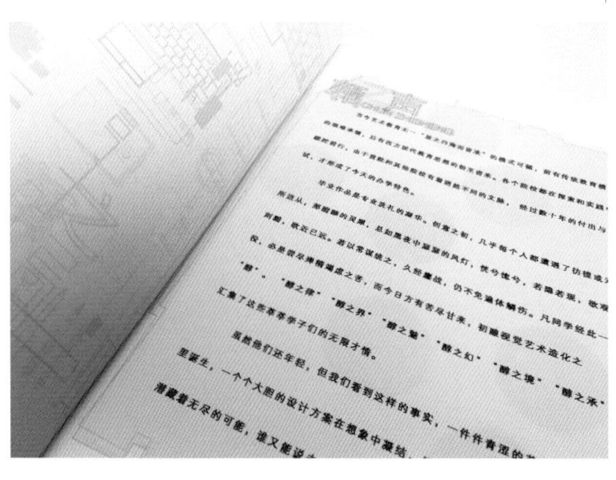

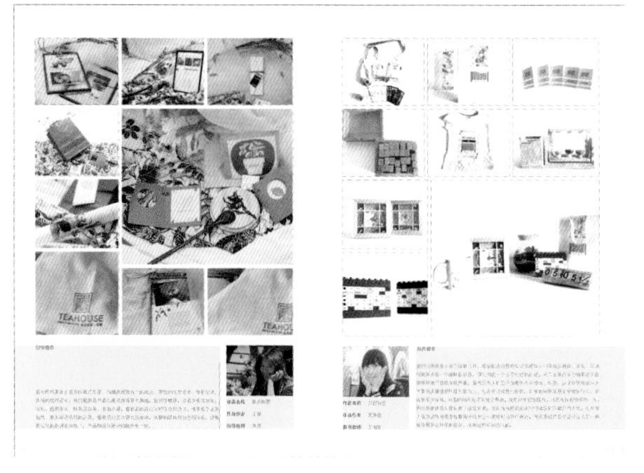

正文电子稿与成品展示

标题字字体统一应用中等线 10 磅、正文字字体统一应用细等线 8 磅。

正文部分指导教师页电子稿展示

与作品页色彩同为暖色系。

四、版权页

版权页是一本书籍的出版信息的总括。设计版权页既要保证出版信息的清晰、准确，也要符合整本书籍的设计风格。

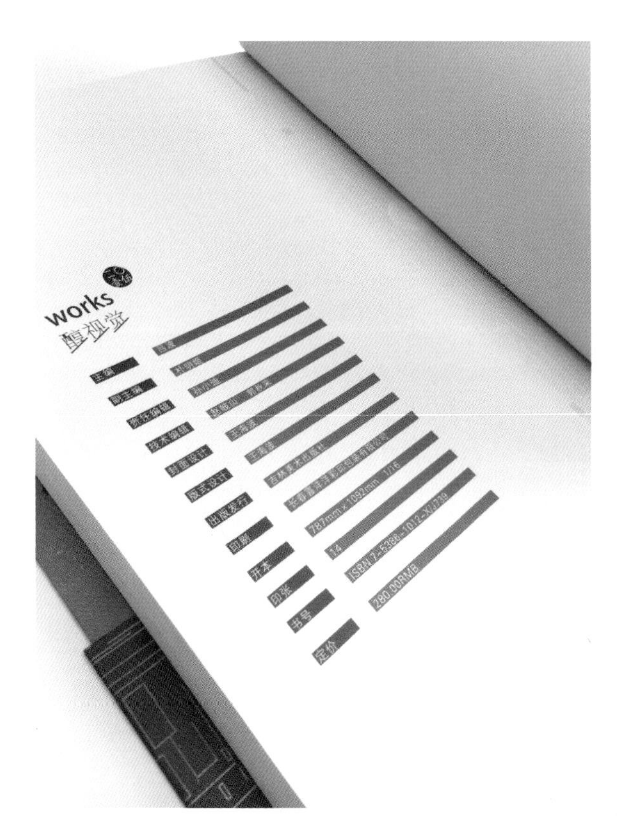

版权页电子稿与成品展示

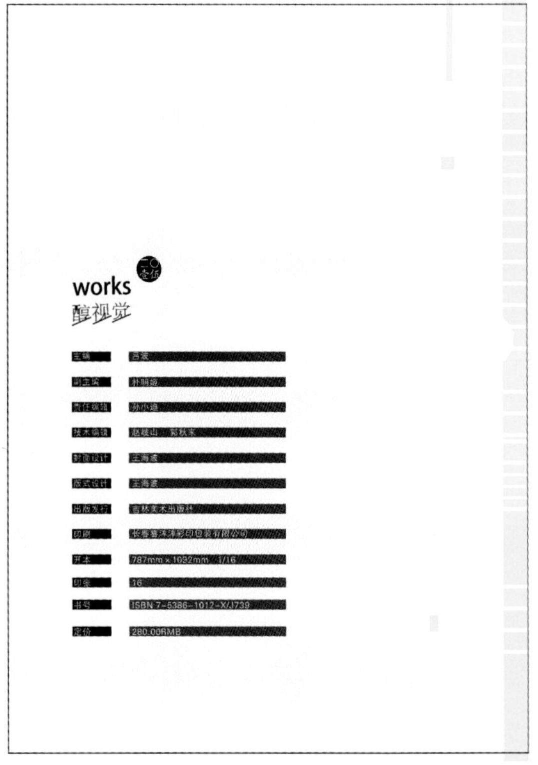

模块四 印刷流程

一、拼版

一本书籍的设计制作经历了草图、电脑制作之后，还有最重要的一环，即印刷阶段。通常书籍的电子稿件设计完成，设计师需和印刷厂沟通后开始制作折手并拼版（具体制作折手和拼版方法前文已有介绍，这里不再赘述）。而后将拼过大版的文件直接发出 PS 版（“Presensitized Plate”的缩写，中文意思是预涂感光版）。如果是四色印刷，通常一个文件会发出分别代表 CMYK 分布区域的四张 PS 版，也被称为一套版。

一套 PS 版展示

CMYK 四张 PS 版单独展示

二、上机

印刷厂的工作人员将发好的 PS 版，安装在印刷机上并装好纸张，进入印刷环节。

安装 PS 版

印刷机走纸部分

印刷

印后效果展示

三、装订

该书籍总页码为 218 页，书脊厚度为 21mm。为了避免书籍在阅读时书页破损、脱落，选择了锁线胶订的装订方式。

装订后效果展示

四、包书皮

书心装订完成后，需用卡尺再次精确测量书脊厚度。根据测量得到的准确数值修改封面的尺寸，并印刷。将印刷完成的封面与书心进行粘贴，被称为包书皮。

包书皮后效果展示

五、裁切

通常在印刷阶段包过书皮的书籍被称为“毛书”。将“毛书”上裁切机进行除书脊外的三个侧面裁切。如此一本成书就制作完成了。

裁切后效果展示

成书效果展示

训练项目：书籍设计与内文设计

任务 1：草图构思

（1）任务描述：目录、章节页、正文版权页整体构思。

（2）任务分析：内文章节、目录、正文的变化与统一设计。

（3）任务目标：内容与设计风格的契合与变化。

（4）任务评价：信息传递准确、便捷兼顾美观性。

任务 2：电脑绘制

（1）任务描述：展开图尺寸设置，版式规划合理。

（2）任务分析：正文字体、字号、间距，的逻辑关系统一。

（3）任务目标：软件绘图能力、工具使用能力。

（4）任务评价：印前电脑设置与印刷的衔接任务。

任务 3：打印成型

（1）任务描述：纸张的选择、印前设置准确。

（2）任务分析：装订方式与电子文件的设置问题。

（3）任务目标：装订方式的训练。

（4）任务评价：成品适合翻阅、阅读。